生态文明建设对碳排放影响研究

但承龙　谢美平
李　杰　雷婷婷　著

江西教育出版社
JIANGXI EDUCATION PUBLISHING HOUSE
·南昌·

图书在版编目（CIP）数据

生态文明建设对碳排放影响研究 / 但承龙等著. --
南昌 : 江西教育出版社, 2023.12
ISBN 978-7-5705-4084-6

Ⅰ. ①生… Ⅱ. ①但… Ⅲ. ①生态环境建设－影响－
二氧化碳－排气－研究 Ⅳ. ①X171.4②X511

中国国家版本馆 CIP 数据核字(2023)第 247692 号

生态文明建设对碳排放影响研究
SHENGTAI WENMING JIANSHE DUI TANPAIFANG YINGXIANG YANJIU

但承龙 谢美平 李杰 雷婷婷 著

江西教育出版社出版
（南昌市学府大道 299 号　　邮编：330038）

出 品 人：熊　炽
策划编辑：曹　雯
责任编辑：吴　丹

各地新华书店经销
江西赣版印务有限公司印刷
710 毫米×1000 毫米　　16 开本　　14.5 印张　　200 千字
2023 年 12 月第 1 版　　2023 年 12 月第 1 次印刷

ISBN 978-7-5705-4084-6
定价：50.00 元

赣教版图书如有印装质量问题，请向我社调换 电话：0791-86710427
总编室电话：0791-86705643　　编辑部电话：0791-86705873
投稿邮箱：JXJYCBS@163.com　　网址：http://www.jxeph.com

序

生态文明建设，是指以生态文明为核心的一系列建设行动。生态文明建设的目标是建立可持续的、绿色的、低碳的、环保的新型工业体系，促进经济、社会、环境的和谐发展。随着人类社会的发展，我们越来越意识到保护环境的重要性。生态文明建设就是为了打造一个“人与自然和谐共处”的良好生态环境。

中国积极参与全球气候治理，是《联合国气候变化框架公约》的首批缔约国，并为达成《京都议定书》《巴黎协定》及其实施细则作出重要贡献。“碳排放”是指煤炭、天然气、石油等化石能源燃烧活动和工业生产过程以及土地利用、土地利用变化与林业活动产生的温室气体排放，以及因使用外购的电力和热力等所导致的温室气体排放。中国政府明确提出2030年前“碳达峰”、2060年前“碳中和”目标。该目标既是硬约束目标，又是阶段性目标。其中碳排放大幅度下降，基本实现低碳产业经济社会体系，是最重要的阶段性目标。

本书在阐述生态文明建设测度和生态效益评价方法的基础上，分别以长江中游37个城市，我国第一、二、三批试点城市和全国30个省份为研究区域，对城市城镇化对于区域生态效率影响的门槛及空间溢出效应、低碳试点政策对城市生态效率的影响及机制分析、生态文明建设对碳排放强度的影响及作用机制研究进行了分析和研究。本书主要的创新表现在：

一是提出了生态文明建设测度的评价方法。本书以 30 个省份为研究案例，从经济生态文明、政治生态文明、环境生态文明以及社会生态文明 4 个方面，构建生态文明建设水平测度指标体系；并选取长江中游城市群作为研究案例，以环境污染、环境污染投入指标、经济发展为产出目标，通过熵权 TOPSIS 法对研究期内的生态文明建设水平进行测度。

二是提出了城镇化对区域生态效率影响的门槛值，强化了城镇化与区域生态效率空间关系研究。本书通过借助专门研究结构变化的面板门槛模型，添加合适的控制变量，验证了城镇化对区域生态效率影响门槛值的存在；同时通过普通面板回归，比较两者系数及显著性差异，验证检验结果的稳健性。门槛值的出现，一方面说明城镇化对区域生态效率的影响存在阶段性，城镇各要素处于不断地变动调整中；另一方面说明随着门槛值的到来，城镇发展进入了新的发展阶段，对于区域生态效率的作用产生了新的影响。本书注重空间分析，城镇化时人口会经历一个动态转移的过程，在这个过程当中，会对周边地区产生一定的影响，进而影响其区域生态效率。通过空间计量模型，可将城镇化对于区域生态效率的空间影响量化为直接效应和间接效应，分析空间溢出效应。最后根据分析结果，在提高区域生态效率及推动各区域协同发展等方面提出相关建议。

三是运用多期双重差分（DID）法，以三批低碳试点政策为准自然实验，科学地评估了低碳试点政策对城市生态效率的影响，以及分批次探讨了不同试点政策的效果。本书分别从产业结构优化、能源结构调整、政府环保意识提高、技术创新进步和土地利用方式5个方面探究低碳城市试点政策可能促进生态效率提高的作用机制，以及不同机制在不同类型城市的效果。

四是探讨了生态文明建设综合水平与碳排放强度的空间关系。本书遵循系统性原则，将生态文明建设看作一个复合系统而不是几个子系统，转而探究我国30个省份的生态文明建设综合水平与碳排放强度的空间联系，并试图揭示生态文明建设水平对碳排放强度影响的时空异质性，以期为科学合理地探讨我国生态文明建设水平对碳排放强度的空间作用提供支撑。本书从碳源、碳汇两个角度出发，提出了生态文明建设—技术进步—碳排放强度、生态文明建设—产业升级—碳排放强度、生态文明建设—林业投资强度—碳排放强度、生态文明建设—造林面积—碳排放强度4条作用路径，为今后进一步研究碳排放强度的影响机制这一问题，提供了新的研究思路。

总之，本书结合案例，提出假设，验证假设，研究和探索了生态文明建设与碳排放之间的部分关系、关联和逻辑关系，对生态文明建设和实现“双碳”目标具有较强的理论和实践意义。

前言

在过去的十余年间，中国常住人口城镇化率以年平均增长率1.39%的速度不断上升，2021年我国常住人口城镇化水平达到了64.72%，中国城镇化工作取得了显著的成绩。城镇化的快速发展及城镇规模的不断壮大推动了我国经济的高速增长。与此同时，快速城镇化对生态环境产生了一定的影响，如生态退化、环境污染、气候变暖的问题。在严峻的形势下，我们必须秉承生态文明发展理念，坚持绿色发展。长江中游城市群作为我国特大城市群示范区及重要战略实施地区，拥有显著的生态优势，始终以坚持绿色发展、协同发展为主要目标。在此背景下，掌握长江中游城市群城镇化发展的阶段特点，更深层次认识城镇化进程中对区域生态效率的影响，并探究两者之间的非线性关系，对进一步实现高质量城镇化发展、提高区域生态效率、加强区域协同治理有着重要意义。

促进经济高质量发展和可持续发展的一个重要因素就是要提高城市生态效率。工业化和城镇化发展推动了中国经济增长和社会进步，如何处理好经济发展与资源环境保护利用之间的关系是一个重大问题。随着全球气候变暖，气候系统不稳定日益严重，导致极端天气及其带来的自然灾害发生的频率和强度不断增大，这将日益威胁生态系统、生物多样性和人类社会的可持续发展。为了减少温室气体排放，出于保护全球生态环境、人类经济社会可持续发展等的考虑，我国采取行动，实施了低碳城市试点政策。该政策推动我国城市走节约资源和保护环境的绿色低碳高质量发展道路。准确评估低碳试点政策对城市生态效率的影响及其可能的影响机制，对于实现环境保护与经济增长的双赢、建成生态文明和美丽中国有着重要意义。

当前，生态环境已成为全世界共同关注的重点问题，我国有“将在2030年前实现碳达峰、2060年前实现碳中和”的决心和目标（以下简称“双碳”目标）。尽管目前我国仍处于城镇化、工业化的快速发展时期，能源需求与经济发展和我国低碳转型这一目标之间存在着很大矛盾，然而实现“双碳”目标是我国对世界各国的庄严承诺，已被纳入我国生态文明建设的总体框架。与此同时，党的二十大报告对新时代十年来在生态文明建设方面所取得的举世瞩目的重大成就、重大变革进行了全面、系统的总结，对人与自然和谐共生是中国式现代化的重要特征进行了深入的论述。因此，生态文明建设是我国实现“双碳”目标的有效途径之一，同时降低碳排放强度也是我国实现“双碳”目标、推进生态文明建设的必然选择。

本书从城镇化与区域生态效率两者关系视角出发，在城市发展阶段论、可持续发展理论、空间相关性、环境库兹涅茨曲线等理论基础上，通过对国内外两者之间的耦合协调、影响关系等研究的梳理，以长江中游37个城市为例，以2004—2018年面板数据为样本，首先通过超效率DEA模型测算出各地区区域生态效率，其次借助面板门槛模型，深入研究城镇化与区域生态效率之间的非线性影响，并在此基础上分析两者之间是否存在空间溢出效应，最后提出相关的空间治理及提升策略。

本书从经济、资源、环境等角度构建适合评价我国生态效率的指标体系，并根据地级市所属区域的不同，将其分为不同的群组，用Meta-US-SBM模型测度2006—2020年中国280个地级市的城市生态效率。用核密度函数估计了生态效率2006—2020年间主要年份的变化情况，采用标准差椭圆分析了生态效率的空间分布格局及演变情况，通过Moran's I指数及热点分析探究生态效率的空间相关情况。以第一、二、三批试点城市为实验组，以试点城市的生态效率指数为被解释变量，构建多期DID模型，检验低碳试点政策对城市生态效率的影响，探究低碳试点政策的累积效应，通过“前后差异对比”和“有无差异对比”更加全面地衡量政策效果，并通过安慰剂检验、PSM-DID检验和排除其他政策干扰等一系列检验以验证结果的稳健。比较分析不同地理位置、不同行政级别和不同资源禀赋城市的政策实施效果是否不同，以及尽可能地分析结果不同的主要原因。为了探究低碳试点政策是如何影响生态效率的，通过机制分析从产业结构、能源结构、公众环保意识、技术创新和土地利用方式等角度对低碳试点政策影响城市生态效率的机制进行研究，并分组探究不同城市的机制效果。

本书从生态文明建设与碳排放强度的相互关系出发，基于可持续发展理论、环境库兹涅茨曲线、空间相关性理论，以全国 30 个省份为例，以 2000—2020 年的面板数据为研究样本，通过研究我国生态文明建设对碳排放强度的非线性影响以及两者之间是否存在空间相关性，阐明生态文明建设对碳排放强度影响的传导机制，并根据实证结果提出节能减排、低碳转型的提升对策和空间治理策略。

本书是江西财经大学国土空间规划研究中心近几年的系列研究成果的系统总结。其中，但承龙提出本书的理论框架和写作大纲，并始终深度参与各章节的撰写工作；谢美平参与了第一、二、五章的撰写工作；李杰参与了第三章的撰写工作；雷婷婷参与了第四章的撰写工作。

由于生态文明建设和碳排放关系的复杂性，本书尚有很多问题没有进行研究，希望在今后的工作中进一步深入探索相关的理论和方法，为该领域作出相应的贡献。

著者

2023 年 10 月

目录

第一章　引论

第一节　研究背景

当前，生态环境已成为全世界共同关注的重点问题，我国将在2030年前实现“碳达峰”、2060年前实现“碳中和”的目标（以下简称“双碳”目标）。尽管目前我国仍处于城镇化、工业化的快速发展时期，能源需求与经济发展和我国低碳转型这一目标之间存在着很大矛盾，然而实现“双碳”目标，是我国对世界各国的庄严承诺，已被纳入我国生态文明建设的总体框架。与此同时，党的二十大报告对新时代十年来在生态文明建设方面所取得的举世瞩目的重大成就、重大变革进行了全面、系统的总结，对人与自然和谐共生是中国式现代化的重要特征进行了深入的论述。因此，生态文明建设是实现我国“双碳”目标的有效途径之一，同时，降低碳排放强度也是我国实现“双碳”目标、推进生态文明建设的必然选择。

一、我国生态文明建设已经进入由量变到质变的关键时期

坚持节约资源和保护环境的基本国策，到2035年，中国城镇化率能够达到72%左右。如何在最小的生态消耗成本下，合理推进城镇化发展，达到最优的经济效益产出，促进新型城镇化与生态文明建设协调发展，是

各地区如何实现生态文明建设、合理开发与保护、促进资源节约集约等目标必须要解决的问题。

目前，我国生态文明建设已经进入由量变到质变的关键时期，而在这个关键期提出“双碳”目标，如何在推进生态文明建设过程中，以生态文明建设统领“双碳”目标实现，以应对气候变化为契机，以降低碳排放量为着力点，以推动生产生活方式绿色转型为手段，从而实现生态、经济、社会三者间的协调可持续发展，是我国必须要考虑的问题。

二、全球气候变化带来的严峻挑战要求采取措施减少碳排放

随着全球气候变暖，气候系统不稳定情况日益严重，导致极端天气及其带来的自然灾害发生的频率和强度不断增大，这将日益威胁生态系统、生物多样性和人类社会的可持续发展。在工业革命之前，全球碳排放量非常低，自工业革命以来，人类大量燃烧化石能源排放出的二氧化碳持续积累，使大气中温室气体浓度显著提升，导致全球气候出现了以变暖为主要特征的局面[①]。世界气象组织（WMO）在《温室气体公报》中指出，1990—2021 年间，长寿命温室气体对气候变暖影响增加了近 50%，而二氧化碳约占这一增长中的 80%，2021 年大气中的二氧化碳（CO_2）的浓度达到 415.7 ppm，是工业化前水平的 149%[②]。国际能源署（IEA）发布的《全球能源评估：2021 年二氧化碳排放》报告指出，2021 年全球碳排放量达 363 亿吨，创历史新高[③]。随着以二氧化碳为主的温室气体排放量的持续增加，全球表面和海洋温度继续上升，导致全球变暖，从而加剧气候

① 段巍岩 . 2010 年和 2020 年青藏高原湖泊 CO_2 排放通量估算及其影响因素分析 [D]. 西安：西北大学 , 2022.

② WMO. Greenhouse Gas Bulletin No.19 : The State of Greenhouse Gases in the Atmosphere Based on Global Observations through 2021[R]. World Meteorological Organization: Global Atmosphere Watch, 2022.

③ IEA. Global Energy Review: CO_2 Emissions in 2021[R]. International Energy Agency, 2022.

的不稳定变化。随着极端天气频率和强度的增大，未来可能会出现洪水、风暴、干旱和热浪等现象，这将给人类的健康、生命和财产安全带来一定的威胁，并对人类的生产和生活造成日益显著的影响。从 1972 年联合国首次讨论温室气体过度排放会造成严重的环境污染、气候变化问题以来，为严格限制温室气体排放、阻止全球进一步变暖、积极应对极端气候变化带来的挑战，同时出于保护全球生态环境、人类经济社会可持续发展等的考虑，世界各国和地区纷纷加入了控制温室气体排放和积极应对气候变化的行动中，如《联合国气候变化框架公约》《京都议定书》《巴黎协定》等倡议，还提出了相应的低碳行动计划，全球逐渐达成了减少碳排放共同应对气候变化的共识，以及努力在 2050—2100 年实现全球温室气体净零排放即“碳中和”目标[①]。事实上，气候不稳定给世界各国都会带来重大不利影响，全球共同参与积极应对气候变化将会利大于弊，因此，不论是发达国家还是发展中国家，都逐渐达成了共识，纷纷积极参与到应对全球气候变化的行动中，积极承担起减排的重任，积极向绿色、低碳的发展模式转变，以应对全球气候变暖带来的潜在危害以及温室气体排放量增加导致的负面影响。

三、工业化和城镇化带来的资源环境问题要求建设低碳城市

近年来，随着我国经济高速发展，工业化和城镇化进程不断加快，我国工业能源消费占总能源消费的 70% 以上，城市数量由 1978 年的 193 个增加到 2021 年末的 691 个[②]，截至 2022 年末，常住人口城镇化率为

① 王文 . 碳中和、生命共同体与中国未来 [J]. 人民论坛 · 学术前沿 , 2022（20）: 80-88.

② 新型城镇化建设扎实推进 城市发展质量稳步提升：党的十八大以来经济社会发展成就系列报告之十二 [R]. 国家统计局 , 2022.

65.2%[①]，我国已成为世界上最大的能源消费国和二氧化碳排放国[②]。作为一个发展中的大国，中国人口众多、资源相对稀缺、能源供需矛盾日趋加剧以及生态环境日益恶化，这引起了我国政府及社会各界人士的极大关注，如何解决资源消耗和生态环境恶化给经济和社会发展带来的巨大威胁已成为一个值得探索和研究的问题。工业化和城镇化发展推动了中国经济增长和社会进步，但过度追求经济发展，忽略资源利用和环境保护，造成我国资源环境出现了一系列问题。如城市生产和居民生活消耗了大量的水资源、矿产资源、植物资源、动力资源等，同时，这些资源在消耗过程中也会带来大量固体、气体和液体废弃物，以致加重环境污染，造成酸雨、雾霾等一系列环境问题[③]。"高污染、高消耗、低效率"的发展模式和高煤炭能源结构造成了资源危机，加剧了环境和生态破坏。长期以来，我国的能源消费仍然以煤炭为主，2021 年煤炭消费量占能源消费总量的 56%[④]，导致温室气体排放量逐年增加。我国尚处在工业化发展阶段，能源需求量大，经济发展的任务十分艰巨。在国内经济发展需求、能源紧缺现实与国际"碳减排"形势的多重压力下，为了节约资源、控制温室气体排放量和探索出一条可持续发展的道路，2010 年起，国家发展和改革委员会印发了三批《关于开展低碳省区和低碳城市试点工作的通知》。低碳城市是在资源节约和环境友好的背景下提出的，是为了缓解我国工业化、城镇化面临的经济发展、能源紧缺和环境恶化的压力，有助于积极探索节能增效和绿色低碳发展新模式。

---

① 王萍萍．人口总量略有下降 城镇化水平继续提高 [R]. 国家统计局，2023.

② 苏健，梁英波，丁麟，等．碳中和目标下我国能源发展战略探讨 [J]. 中国科学院院刊，2021, 36（9）: 1001-1009.

③ 张艳会，姚士谋．新型城镇化所存在的资源环境问题及对策初探 [J]. 中国环境管理，2015, 7（3）: 75-80.

④ 中能传媒研究院．中国能源大数据报告（2022）[R]. 2022.

四、提高城市生态效率是实现可持续发展目标的主要途径之一

在资源日益紧张和气候变暖的大背景下，如何处理好经济发展与资源环境利用之间的关系是一个亟待解决的重大问题。城市是经济发展的重要空间载体，对新常态下实现可持续发展至关重要[①]。当前，我国正处于经济高速发展向高质量发展转型的关键时期，党的十八大提出生态文明建设；党的十九大提出了“绿水青山就是金山银山”的理念，坚持节约资源和保护环境的基本国策，以及绿色发展生活方式；党的二十大报告指出，推动经济社会发展绿色化、低碳化是实现高质量发展的关键环节，必须促进经济社会发展全面绿色转型，大力发展绿色低碳产业，提倡绿色消费，倡导绿色生产生活。

近几十年来，中国经济的快速发展不可避免地伴随着严重的资源枯竭、环境污染和生态恶化，这对中国可持续发展提出重大挑战。生态效率是一个可以衡量经济和环境的指标，也是衡量可持续发展水平的重要指标，其核心为“资源投入尽量少，经济效益尽量大，环境污染产出尽量小”，体现了资源、环境、经济的协调水平，反映了人类经济活动带来的经济成就和环境影响，很好地回应了当前人们对经济发展、合理开发利用资源和保护环境的关注，促进城市生态效率提升是实现经济与环境“双赢”、可持续发展的关键环节。

---

① 王巧，佘硕，曾婧婧. 国家高新区提升城市绿色创新效率的作用机制与效果识别：基于双重差分法的检验 [J]. 中国人口·资源与环境，2020, 30（2）: 129-137.

第二节 基本概念界定

一、城镇化

城镇的出现标志着人类的群居生活进入成熟阶段，而“化”在《辞海》中有“改变、转换”之意，因此，城镇化（urbanization）直观表现为人的分布状态和生活状态向现代化转变。

在国内外的研究当中，对于城市化的定义，有的学者认为城市化是分布较为分散的农村人口逐步向人口密集的城镇转移的过程①。有的学者认为城市化是经济社会各方面不断发展所衍生的一种现象。有的认为城市化是城镇地位不断提高、城镇居民数量不断增加的过程，在城市化阶段理论当中，认为英国的城镇化阶段较为明显，主要分为城市化、市郊化、逆城市化②。城市化主要体现为农业生产向工业生产转变过程，市郊化主要体现为工业生产向以第三产业为主的阶段转变，逆城市化主要表现为第三产业逐渐成熟，不再追求向城镇集中的阶段。国外的研究主要集中在城镇化内涵及发展阶段研究层面。

我国的研究主要集中在城市规模上，我国城镇化研究的起点是探讨究竟着重发展大城市还是小城镇。从 1980 年开始，我国就提出“合理控制大城市规模，积极发展中小城市”方案，直到 1989 年，在《中华人民共和国城市规划法》中正式提出“国家实行严格控制大城市规模、合理发展中等城市和小城市的方针”。20 世纪 90 年代后期，对城市化发展提出了新的要求，即控制发展快速的大城市的卫星城市，将发展方向转变为中小城市及小城镇。进入 21 世纪以后，对于城市化的探讨不再局限于城市规

---

① 伊利英 . 城市经济学 [M]. 桂力生，周家高，吴存寿，等译 . 北京：中国建筑工业出版社，1987.

② 樊纲，武良成 . 城市化：一系列公共政策的集合 [M]. 北京：中国经济出版社，2009.

模方面，而是更加注重城市发展内涵，着重研究城镇人口、经济、社会、生态等之间的关系。

综上所述，本书认为，城镇化的阶段性特征及规模大小，对于城市的生态有着阶段性差异影响。考虑到农村人口向城镇人口的转移是城镇化的首要特征和主要标志，所以本书主要从狭义的视角考察人口城镇化及其影响。

二、区域生态效率

生态效率思想最早是在 1990 年由德国学者 Schaltegger 和 Sturn 提出的，它反映了经济绩效与资源环境利用之间的关系[①]。此后，国际机构和许多学者从不同角度丰富了其内涵。如经济合作与发展组织（OECD）将其定义为：一种典型的投入—产出过程，使用更少的资源实现更有价值的产出[②]。世界可持续发展工商理事会（WBCSD）认为生态效率是提供有竞争力的产品和服务，在降低环境影响的同时，让地球承载人类一定层次的基本需要，提高生活质量，是推动可持续性的工具[③]。Picazo Tadeo 等人认为，生态效率是指企业、行业或经济体在生产和获得商品、服务的同时，减少资源消耗和对环境的影响[④]。虽然目前学界对于生态效率的定义并没有明确，但是从根本上来讲，生态效率就是资源环境和经济的投入产出比。

---

① PICAZO-TADEO A J, BELTRÁN-ESTEVE M, GÓMEZ-LIMÓN J A. Assessing eco-efficiency with directional distance functions[J]. European Journal of Operational Research, 2012, 220（3）: 798-809.

② OECD. Eco-efficiency[R]. Organization for Economic Co-operation and Development, 1998.

③ WBCSD. Eco-efficient leadership for improved economic and environmental performance[R]. Geneva :WBCSD, 1996: 3-16.

④ XU J, HUANG D, HE Z, et al. Research on the Structural Features and Influential Factors of the Spatial Network of China's Regional Ecological Efficiency Spillover[J]. Sustainability, 2020, 12（8）: 1-22.

在1992年，生态效率被赋予了新的含义并加以阐述。世界可持续发展工商理事会在一份报告中提道：生态效率参与到所有产品和服务的整个生命周期当中，在提供人类生活的物质及功能的同时，要求在地球环境承载能力范围内降低对周边环境的影响和资源消耗，并逐渐达到经济与环境协调发展的目标。简单地说，就是环境影响最小化、产品服务价值最大化。

我国对于区域生态效率的研究，前期主要停留在指标选取方面。Claude Fussler[①]首先将区域生态效率的概念引入我国。李丽平[②]把区域生态效率作为新的管理模式加入环境管理当中。在此之后，学者针对我国生态环境及经济发展现状，形成了一些符合我国发展阶段的理论及研究方法，同时结合国外的研究，对区域生态效率的指标评价及选取方面进行了探讨。

当前，学者研究区域生态效率的方法主要有以下几种：单一指标法[③]、指标体系法[④]、生命周期评估法[⑤]、随机前沿分析法[⑥]、生态足迹

---

① FUSS C. 工业生态效率的发展 [J]. 产业与环境，1995，17（4）：71-73.

② 李丽平，田春秀，国冬梅. 生态效率：OECD 全新环境管理经验 [J]. 环境科学动态，2000（1）：33-36.

③ VOGTLANDER J G, BIJMA A, BREZET H C. Communicating the eco-efficiency of products and services by means of the eco-costs/value model[J]. Journal of Cleaner Production, 2002, 10（1）: 57-67.

④ HE J, WANG S, LIU Y, et al. Examining the relationship between urbanization and the eco-environment using a coupling analysis: Case study of Shanghai, China[J]. Ecological Indicators, 2017, 77: 185-193.

⑤ BURCHART-KOROL D, KOROL J, CZAPLICKA-KOLARZ K. Life cycle assessment of heat production from underground coal gasification[J]. The International Journal of Life Cycle Assessment, 2016, 21（10）: 1391-1403.

⑥ MOUTIONHO V, MADELENO M, MACEDO P, et al. Efficiency in the European agricultural sector: environment and resources[J]. Environmental Science and Pollution Research, 2018, 25（18）: 17927-17941.

法[1]、数据包络分析法（Data Envelopment Analysis，DEA）[2]。上述几种方法中，运用最为广泛的是数据包络分析法，尤其是在考虑存在着生态投入方面的指标的时候。传统 DEA 模型的重要优点是，它不需要对生产函数的特定形式进行设定，减弱了主观权重对投入产出指标带来的不确定影响[3]。但是，由于传统 DEA 模型计算出的效率值均小于等于 1，当效率值之间的差距较小时，传统 DEA 模型将不能有效区分各决策单元的效率优劣。为解决这一问题，超效率 DEA 模型随之产生[4]，但是，传统 DEA 模型与超效率 DEA 模型均没有考虑投入产出指标存在的松弛度问题，该问题极有可能扭曲区域生态效率的计算结果。因此，基于 DEA 模型进一步提出了超效率松弛度量模型，超效率 DEA 模型（SE-SBM）直接将每个“投入过多”和“产出不足”投影到有效边界上的“最远”点，通过找到最大余量来最小化目标函数，有效地解决了上述两个问题。这使 SE-SBM 这类 DEA 模型成为探究中国区域生态效率问题的有效工具之一[5]。

纵观国内外区域生态效率概念的有关研究，区域生态效率即在最小化投入下追求最大化的产出。同时，区域生态效率因指标选取及评价方法也都较为成熟，逐渐成为一个较为固定的概念。

---

① CENUTTI A K, BECCARO G L, BAGLIANI M, et al. Multifunctional ecological footprint analysis for assessing eco-efficiency: A case study of fruit production systems in Northern Italy[J]. Journal of Cleaner Production, 2013, 40: 108-117.

② REN Y, FANG C, LIN X, et al. Evaluation of the eco-efficiency of four major urban agglomerations in coastal eastern China[J]. Journal of Geographical Sciences, 2019, 29（8）: 1315-1330.

③ MONASTYRENKO E. Eco-efficiency outcomes of mergers and acquisitions in the European electricity industry[J]. Energy Policy, 2017, 107: 258-277.

④ ANDERSEN P, PETERSEN N C. A procedure for ranking efficient units in data envelopment analysis[J]. Management science, 1993, 39（10）: 1261-1264.

⑤ HUANG J, HUA Y. Eco-efficiency convergence and green urban growth in China[J]. International Regional Science Review, 2019, 42（3-4）: 307-334.

三、生态文明与生态文明建设

1987年，学者叶谦吉首次将“生态文明”这一概念定义为“人与自然和谐共生的关系”[①]。而近年来随着新时代背景下我国生态文明建设的大力推进以及学者对生态文明研究的不断深入，其内涵得到了不断丰富和发展。生态文明不仅仅是指生态环境质量的提升，还包括社会生态文明、经济生态文明、政治生态文明等的提升，它是一个囊括了社会发展多系统、各层次、全要素的复合概念，强调人与自然、人与人、人与社会的良性循环、全面发展、持续繁荣。面对资源匮乏、环境污染、生态退化等问题日益突出，十七大首次明确了我国生态文明建设的战略任务，此后“生态文明建设”成了我国生态环境保护治理阐述的重心，而不再仅仅停留在“生态文明”概念层面。显而易见，“生态文明建设”并不等同于“生态文明”，生态文明建设更多的是一种依托生态文明的理念而进行的，以党和政府为主导的，与经济、政治、社会、文化相结合的大范围公共政策实践与落实。由此，本书将生态文明建设定义为以生态文明思想为基础的，从经济生态文明、政治生态文明、环境生态文明以及社会生态文明四个方面推动我国可持续发展的实践活动。

四、碳排放与碳排放强度

碳排放一般是指温室气体排放，主要源于人类社会经济的发展活动，如化石燃料的使用等。温室气体主要是指CO_2、CH_4、CO、O_3、氢氟碳化物、全氟碳化物等的排放，而其中二氧化碳气体的排放量占到温室气体排放总量的60%，因此，一般将碳排放定义为温室气体排放总量中二氧化碳的排放量。

---

① 刘思华. 对建设社会主义生态文明论的若干回忆：兼述我的“马克思主义生态文明观”[J]. 中国地质大学学报（社会科学版），2008，8（4）：18-30.

国外学者 Kaya 和 Yokobori 指出，人类的社会经济活动会导致二氧化碳的产生与排放，并认为这最终会形成一系列具有经济价值的商品[①]。基于这一角度，Kaya 和 Yokobori 将单位时间内二氧化碳排放量所形成的全部经济价值作为衡量碳排放强度的替代指标。经过学者积极有益的探索，得出结论：碳排放强度主要是指单位经济产出的碳排放量，即用碳排放总量与 GDP 的比值加以表征。这一观点最终得到了国际社会的广泛认可。碳排放强度是用来衡量节能减排的重要指标，一般情况下，碳排放强度数值越小，代表单位 GDP 的资源等投入的利用效率越高，节能减排效果也越好。基于此，本书同样将所提到的碳排放强度定义为碳排放总量与 GDP 的比值。

第三节　研究的理论基础

一、可持续发展理论

可持续发展理论的形成经历了一个较为漫长的过程。在《增长的极限》这一研究报告中，首次明确提出了“持续增长”“合理持久均衡发展”的概念。直到 1987 年，联合国世界环境与发展委员会（WCED）发表了一份名为《我们共同的未来》的报告，正式提出了可持续发展的概念，并将其定义为：既满足当代人生存和发展的需要，又不对后代人满足其需要的能力构成危害的发展模式[②]。可持续发展理论的提出是人类对于当今社会人口激增、生态破坏、经济爆炸等现状的深刻反思。

---

① KAYA Y, YOKOBORI K. Environment, energy and economy: strategies for sustainability[M]. Tokyo:United Nations University Press, 1997：56-59.

② 世界资源研究所，联合国环境规划署，联合国开发计划署．世界资源报告（1992—1993）[M]. 张崇贤，柯金良，程伟雪，等译．北京：中国环境科学出版社，1993.

经过长期探索且随着时代的进步，可持续发展理论得到了不断丰富和发展。可持续发展理论的具体内容可以概括为经济可持续、社会可持续和生态可持续。这三方面的可持续发展要求经济、社会进步要建立在保护生态环境、合理利用资源的前提下。可持续发展理论并不是仅仅讨论环境保护与资源利用的问题，相反，它是一个具有多学科、多领域交叉的理论体系，具有很强的综合性及指导意义。可持续发展理论涵盖了经济、社会、生态等多个方面，各个方面虽发展重点不同，但最终都是为了构建一个稳定、和谐、健康的自然—经济—社会复合系统。可持续发展理论可以运用到各个领域中，地球上任何资源的使用都应将可持续发展的理念纳入考虑范围。在我国生态文明建设、推动“双碳”目标实现的过程中，也正是可持续发展理论与实际相结合的体现。要实现我国“碳达峰”“碳中和”的“双碳”目标，提升生态文明建设水平就要以可持续发展理论为指导，协调社会、经济、生态三者之间的关系，兼顾过程和结果的可持续性，最终实现可持续发展。

二、环境库兹涅茨曲线

1991 年，美国经济学家 Grossman 和 Krueger[①] 实证人均 GDP 与环境污染之间呈现“倒 U 形”曲线的关系，如图 1–1 所示。影响主要有三个方面。第一，规模效应。经济增长加大了对于资源的使用，产生的污染降低了环境质量。第二，技术效应。在经济增长的过程当中，政府也会投入部分资金到技术水平的研发当中，技术的升级改造能够提高能源资源的使用率，从生产端降低污染排放。另外，新型污染处理设施的使用能够对污染物进行再处理，减少对生态环境的影响。第三，结构效应。主要体现在产

① GROSSMAN G M, KRUEGER A B. Economic growth and the environment[J]. The Quarterly Journal of Economics, 1995, 110（2）: 353–377.

业结构的调整，在最初的产业当中，资源消耗性的重工业因为投入低、经济产出高的优点，故产业占比较高，但随着人们环境保护意识及收入的不断提高，产业结构逐步向高新产业、服务业转化，污染水平不断下降，环境得到了改善。

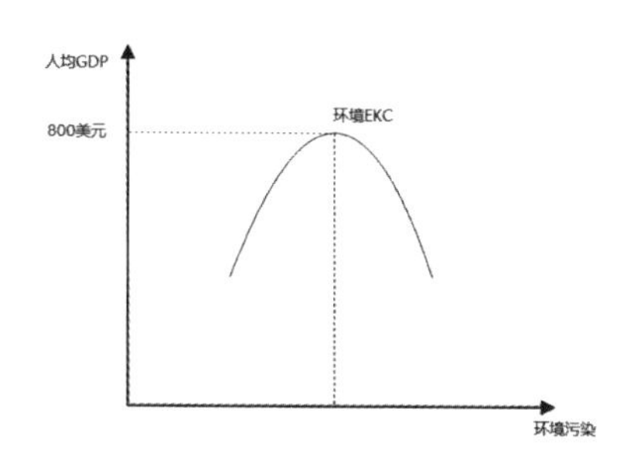

图 1–1　环境 EKC

由这个研究结果可推导出城镇化率与区域生态效率之间的关系，城镇化水平的提高能够促进人均 GDP 的增长，所以城镇化对于人均 GDP 为正向作用。区域生态效率受环境污染影响，环境污染越严重，区域生态效率越低，所以区域生态效率与环境污染为负向作用。根据环境库兹涅茨曲线推导城镇化水平与区域生态效率的关系，两者呈现 U 形曲线关系，如图 1–2 所示。如果用 EE 表示区域生态效率，UL 表示城镇化率 (城镇常住人口占总人口比重表示)，则有：

$$EE=f(UL)$$

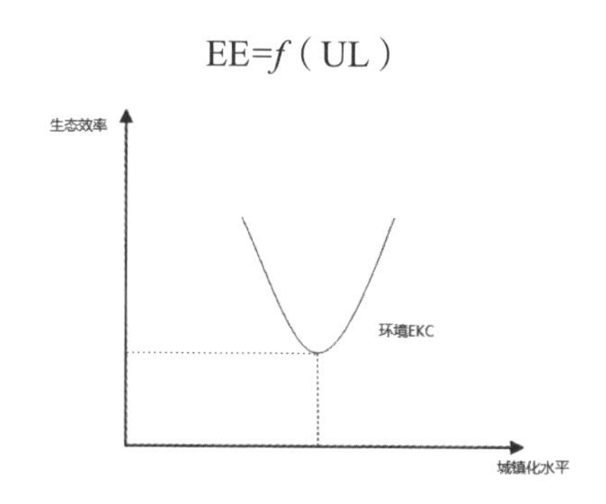

图 1–2　区域生态效率与城镇化水平关系

环境库兹涅茨曲线得到了许多专家学者的重视，并对此展开了不同程度的研究，得出了不同的研究结论。有的学者认为两者之间的关系并不能单单用“倒U型”解释，还有的学者提出了N型、单调上升型、单调下降型。由此，学者们开始对EKC曲线展开更加深入的探讨。

三、空间相关性理论

空间相关性理论是由学者Cliff和Ord提出的，该理论通常被用来识别事物之间是否具有空间效应。该理论认为，如果观测值随着空间的临近或地理距离的缩小趋于收敛，则认为该变量具备正的空间相关性；如果其观测值随着空间接近度或地理距离的缩小而发散，则认为该变量具备负的空间相关性；如果其观测值与地理位置的远近无关，则认为没有空间相关性。一般而言，区域间的各种要素流动和相互作用是导致空间效应产生的重要原因，根据“地理学第一定律”(Tobler’s First Law)，即任何事物与其他事物间都是相关的，邻近的事物更是如此。相邻地区往往会出现相互模仿、相互学习的行为，从而导致这种空间相关性不仅表现为解释变量对本地区被解释变量有直接作用，还表现为对相邻区域的空间溢出效应，空间相关性的出现为研究本地解释变量对相邻区域的影响开辟了新思路。基于此，本书在空间相关性理论的基础上，研究生态文明建设对碳排放强度影响的空间效应，从而揭示生态文明建设对碳排放强度的直接影响、间接影响及作用机制。

四、低碳经济理论

低碳经济理论兴起于全球气候变暖导致人们对日益严峻的气候变化的担忧这一大背景下。“低碳经济”最早出现于2003年英国《能源白皮书》，但各界并未对低碳经济的概念达成明确共识，表1–1梳理了一些学者对低碳经济的理解。

表 1-1　低碳经济的内涵

学者	主要观点
庄贵阳[①]	低碳经济的核心是通过技术途径和政策干预，改善能源结构，寻找温室气体排放量更少的方式，从而促进人类可持续发展、减缓全球气候变化
付允等[②]	低碳经济的基础为低能耗、低污染、低排放等，发展方向为低碳发展，发展方式为节能减排，发展方法为碳中和技术
林伯强[③]	低碳经济是一种既考虑发展又考虑可持续的经济增长方式
潘家华等[④]	低碳经济是一种碳生产力和人文发展均达到一定水平的经济形态，包含低碳技术、消费模式等核心要素，实现途径是技术创新、提高能效和能源结构的清洁化等
王国倩等[⑤]	低碳经济是为了实现控制温室气体排放的全球愿景，低碳发展对于发展中国家来说是增加经济总量的同时，使得碳排放相对下降，而对于发达国家来说则是在维持高人文发展目标的情况下，实现碳排放总量的绝对降低
Shen and Sun[⑥]	低碳经济的目的是通过降低能源消耗来减少碳排放，实现途径是调整能源结构、促进低碳技术使用、发展低碳产业，总体上来说需要政策、技术和资金的综合支持

---

① 庄贵阳 . 低碳经济引领世界经济发展方向 [J]. 世界环境，2008（2）：34-36.

② 付允，马永欢，刘怡君，等 . 低碳经济的发展模式研究 [J]. 中国人口·资源与环境，2008（3）：14-19.

③ 林伯强 . 中国低碳转型 [M]. 北京：科学出版社，2011.

④ 潘家华，庄贵阳，郑艳，等 . 低碳经济的概念辨识及核心要素分析 [J]. 国际经济评论，2010（4）：88-101.

⑤ 王国倩，庄贵阳 . 低碳经济的认识差异与低碳城市建设模式 [J]. 学习与探究，2011（2）：134-138.

⑥ SHEN L, SUN Y. Review on carbon emssions, energy consumption and low-cardon ecomy in China from a perspective of global climate change [J]. Journal of Greographical Sciences, 2016, 26（7）：855-870.

可以看出，这些观点的共同点在于：第一，低碳经济是一种经济形式，其目的是减少碳排放；第二，低碳经济包含的面很广，有能源结构、技术创新、低碳产业、低碳生产和消费等，低碳经济的实现需要政策、技术和资金等多方面的支持。

低碳经济理论是低碳城市建设的基础，为低碳城市建设提供了方向。我国于 2010 年、2012 年末、2017 年分三批实施了低碳试点政策，试点的目的是控制温室气体排放，推动生态文明和“美丽中国”建设。低碳经济包含能源结构、技术创新、低碳产业、低碳生产和消费等，本书以低碳经济理论为基础，识别低碳城市试点政策促进生态效率提升的作用机制，有助于总结试点经验，推动低碳试点发展，为低碳经济转型提供参考。

五、波特假说理论

波特假说认为适当的环境规制可以促进企业进行创新，生产出污染更少或者资源更高效的产品，虽然短期来看，企业环境保护成本是增加了，但是长期来看会激发企业“创新补偿效应”，促进企业经济快速增长，从而抵消环境保护成本[①]。波特假说有三个方面：第一，弱“波特假说”认为某些严格而合理的环境规制政策可以刺激企业技术创新；第二，狭义“波特假说”认为相对弹性的环境规制政策更容易激发企业创新；第三，强“波特假说”认为严格且合理的环境规制政策既能够实现资源合理配置刺激企业创新，并产生“创新补偿”效应，增强企业竞争力，又能够弥补企业因环境规制产生的成本，产生额外收益[②]。刘和旺等发现实施合理且严格的环境规制能够达到环境保护与经济增长这一双赢效果，但是波特假说要满

① PORTER M E. America’s green strategy[J]. Scientific American, 1991, 264（4）: 168.

② JAFFE A B, PALMER K. Environmental Regulation and Innovation: A Panel Data Study[J]. Review of Economics and Statistics, 1997, 79（4）: 610–619.

足合理的环境规制、环境规制要在最优区间等前提条件[1]。

波特假说连接了环境规制政策和绿色生产率增长，也就是架起了低碳城市试点政策和生态效率之间的桥梁。波特假说理论探索低碳城市试点政策是否被各试点城市严格且合理地执行，研究低碳城市试点政策是否实现了环境保护和经济增长双赢的结果，即是否促进了生态效率的提高。

---

① 刘和旺，郑世林，左文婷. 环境规制对企业全要素生产率的影响机制研究 [J]. 科研管理，2016, 37（5）: 33-41.

第二章　生态文明建设测度和生态效益评价

第一节　生态文明建设测度

一、生态文明建设测度指标体系构建

1. 评价指标体系构建原则

（1）数据可获得性与可操作性原则

在选择指标时，应注意确保数据易于获取和测量；在选择具体指标时，应选择易于量化和计算标准化的定量指标，同时这些指标应具有较高的可操作性和可重复性；尤其应注意确保原始数据来源一致，且原始数据真实、可靠和准确，具体评价指标的数值可以进行定量分析。

（2）内涵科学性与全面性原则

指标体系的构建还应基于对生态文明建设的深刻、准确的理解上。所选指标必须符合生态文明的基本定义且涵盖生态文明建设的主要内容。各项指标都能真实准确地反映出我国生态文明建设过程中的具体内涵，同时有相对完善、科学的理论的研究成果支撑。

（3）形式简洁性与可用性原则

指标体系形式要易于理解并确保可用性。生态文明建设涵盖政治、经济、文化等各个方面，相关指标纷繁庞杂，因此，在构建指标体系的过程中，选取的指标要注重化繁为简，避免因为指标的过度堆砌，导致构建的指标体系不具备可用性。

（4）指标典型性与动态性原则

我国开展生态文明建设已经持续了一段时间，生态文明建设也取得了一定成就。因此，生态文明建设水平的评价指标也应做出相应的更新调整，指标选择要因势利导、动态典型，从而能在一定程度上代表生态文明建设当前的真实建设水平和未来趋势的方向。

（5）维度可比性与相关性原则

对我国生态文明建设水平进行评价测度，还应把握地区之间的差异，选取的指标既包含共性又涵盖个性。指标具有可比性和相关性，既便于不同地区之间的比较，又能准确把握各个地区之间的差异，从而表现我国生态文明建设的整体水平。

2. 测度指标选取

生态文明建设涵盖了政治、经济、社会等各个方面，国内外学者对于生态文明建设的水平测度主要使用的是综合指标法，但指标体系还未能实现真正意义上的统一。学者从不同的研究视角、主题和方法出发，构建了各种具有不同侧重点的指标体系。因此，本书从生态文明建设水平测度的系统性出发，遵循评价指标选取的时效性、代表性等原则：第一，基于本书对于生态文明建设的定义，并借鉴参考叶岖[①]、Ye[②]、苟廷佳[③]的研究成果，将生态文

① 叶岖，蒋婧博，张文进，等. 中国省域生态文明建设进程区域差异化研究 [J]. 生态学报，2023（2）：569-589.

② YE D, ZHANG Y, LI Q, et al. Assessing the Spatiotemporal Development of Ecological Civilization for China's Sustainable Development[J]. Sustainability, 2022, 14（14）: 8776.

③ 苟廷佳，陆威文. 基于组合赋权 TOPSIS 模型的生态文明建设评价：以青海省为例 [J]. 统计与决策，2020，36（24）：57-60.

明建设分为经济生态文明、政治生态文明、环境生态文明以及社会生态文明四个方面；第二，结合中共中央办公厅、国务院办公厅印发的《生态文明建设目标评价考核办法》、国家发展和改革委员会发布的《生态文明建设评价指标体系》，建立指标数据库；第三，对相关指标进行整理、删减、增补等之后，构建了包含17个具体指标的生态文明建设水平测度指标体系，基本涵盖了我国生态文明建设的各个方面，具体设置如表2–1所示。

表2–1 生态文明建设水平测度指标体系

一级指标	二级指标	三级指标	单位	属性
生态文明建设水平	经济生态文明	人均GDP	元/人	+
		第三产业占GDP比重	%	+
		工业增加值占GDP比重	%	−
		单位GDP能耗	吨/万元	−
		单位GDP水耗	m^3/万元	−
	政治生态文明	教育支出占地方财政支出比重	%	+
		科技支出占地方财政支出比重	%	+
		环保支出占地方财政支出比重	%	+
		城乡事务支出占地方财政支出比重	%	+
	环境生态文明	森林覆盖率	%	+
		人均SO_2排放量	吨/万人	−
		自然保护区覆盖率	%	+
	社会生态文明	城市人口密度	人/km^2	−
		人均公园绿地	m^2/人	+
		建成区绿化覆盖率	%	+
		垃圾无害化处理率	%	+
		用水普及率	%	+

二、测算方法

目前，生态文明建设水平测度常用的评价方法包括层次分析法、模糊综合评价法、灰色关联度法、熵权 TOPSIS 法等。下面具体介绍熵权 TOPSIS 法和模糊综合评价法。

1. 熵权 TOPSIS 法

熵权 TOPSIS 法结合了熵权法和 TOPSIS 法，先运用熵权法确定各评价指标的客观权重，然后通过加权 TOPSIS 进行测算评价。该方法能够通过客观赋权的方式避免主观因素的影响，且评价结果具有精度高、计算方法简便的优点。因此，本书选取熵权 TOPSIS 法对生态文明建设水平进行评价分析，其主要步骤如下：

第一步，建立原始数据矩阵。设定有 i 个待评价对象、j 个城市的生态文明建设评价指标，即原始数据矩阵如下：

$$R_{ij}=\begin{pmatrix} R_1 & \cdots & R_{1m} \\ \vdots & \ddots & \vdots \\ R_{n1} & \cdots & R_m \end{pmatrix} n\times m$$

式中：R_{ij}（i=1，2，…，n_j=1，2，…，m) 表示第 i 个评价对象在第 j 项指标的原始数值；R_{ij}（i=1，2，…，n）表示第 j 项指标的全部评价对象的列向量数据。

第二步，原始矩阵标准化处理。为了消除评价指标中类型不一致和量级不一致的影响，对原有指标进行了标准化。

正向指标：

$$r_{ij}=\frac{x_{ij}-\min x_{ij}}{\max x_{ij}-\min x_{ij}}$$

负向指标：

$$r_{ij}=\frac{\max x_{ij}-x_{ij}}{\max x_{ij}-\min x_{ij}}$$

式中：r_{ij} 表示正向或负向指标值 x_{ij} 标准化结果；$\max x_{ij}$ 为第 j 个指标的最大值；$\min x_{ij}$ 为第 j 个指标的最小值。

第三步，熵权法加权生成新的标准化矩阵 F。w_{ij} 表示矩阵 F 个指标的权重，即 $W_{ij}=r_{ij}/\sum_{i=1}^{n}r_{ij}$。令 e_j 是第 j 个评价指标的信息熵值，则各个评价指标的权重系数 $W_{ij}=(1-e_j)/\sum_{j=1}^{m}(1-e_j)$，式中，$0\leqslant w_{ij}\leqslant 1$，$\sum_{j=1}^{m}W_{ij}=1$，加权规范矩阵 F 如下：

$$F=w_j\times F=\begin{pmatrix} w_1r_{11} & \cdots & w_mr_{1m} \\ \vdots & \ddots & \vdots \\ w_1r_{n1} & \cdots & w_mr_{nm} \end{pmatrix}=\begin{pmatrix} z_{11} & \cdots & z_{1m} \\ \vdots & \ddots & \vdots \\ z_{n1} & \cdots & z_{nm} \end{pmatrix}$$

第四步，根据加权标准化矩阵确定正理想解 V_j^+ 和负理想解 V_j^-。正理想解 V_j^+ 表示评价指标的最大值，负理想解 V_j^- 表示评价指标的最小值，公式为：

$$V_j^+=\left\{\max V_{ij}\middle|j=1,2,\cdots,n\right\}$$

$$V_j^-=\left\{\min V_{ij}\middle|j=1,2,\cdots,n\right\}$$

第五步，计算评价对象与正理想解、负理想解之间的欧氏距离，公式如下：

$$D_j^+=\sqrt{\sum_{j=1}^{m}\left(V_{ij}-V_j^+\right)^2}$$

$$D_j^-=\sqrt{\sum_{j=1}^{m}\left(V_{ij}-V_j^-\right)^2}$$

第六步，计算每个评价对象与理想解之间的相对接近程度，公式如下：

$$C_i=\frac{D_j^-}{D_j^++D_j^-}，0\leqslant C_i\leqslant 1$$

式中：C_i 表示生态文明建设水平与最优解之间的接近程度，其取值范围在 [0，1] 之间。C_i 越靠近 0，表示生态文明建设水平越低；越靠近 1，则表示生态文明建设水平越高；当 C_i=1 时，表明生态文明建设水平达到最优。

2. 模糊综合评价法

模糊综合评价法是在模糊环境下，考虑了多种因素的影响，为了某种目的对一事物作出综合决策的方法。模糊综合评价法具有结果清晰、系统性强的特点，能较好地解决模糊的、难以量化的问题，适合各种非确定性问题的解决。一般步骤包括：

第一步，建立综合评价的因素集。因素集是以影响评价对象的各种因素为元素所组成的一个普通集合，通常用 U 表示，$U=\{u_1, u_2, \cdots, u_n\}$，其中元素 u_i 代表影响评价对象的第 i 个因素。这些因素通常都具有不同程度的模糊性。

第二步，建立综合评价的评价集。评价集是评价者对评价对象可能做出的各种结果所组成的集合，通常用 V 表示，$V=\{$undefined $v_1, v_2, \cdots, v_n\}$，其中元素 v_j 代表第 j 种评价结果，可以根据实际情况的需要，用不同的等级、评语或数字来表示。

第三步，确定各因素的权重。在评价工作中，各因素的重要程度有所不同，为此，给各因素 $\mathrm{u_i}$ 一个权重 a_1，各因素的权重集合的模糊集用 A 表示，$A=\{$undefined $\mathrm{a_1}, a_2, \cdots, a_n\}$。

第四步，进行单因素模糊评价，获得评价矩阵。若因素集 U 中第 i 个元素对评价集 V 中第 1 个元素的隶属度为 r_{i1}，则对第 i 个元素单因素评价的结果用模糊集合表示为：$R_i=\{$undefined $r_{i1}, r_{i2}, \cdots, r_{im}\}$，以 m 个单因素评价集 $R_1, R_2, \cdots, R_n$ 为行组成矩阵 $R_n \times m$，称为模糊综合评价矩阵。

第二节　生态效率评价方法

一、测算指标体系的构建

生态效率是一个包含资源、环境、经济等多种因素的复杂系统，为全面、科学、客观和合理地对生态效率进行测度，本书从投入产出的角度选取指标，如表 2–2 所示。

表 2–2　生态效率指标体系表

指标类型	指标选取	指标说明
投入	资本投入	资本存量（亿元）
	能源投入	能源消费量（万吨标准煤）
	水资源投入	城市用水总量（万立方米）
	劳动投入	年末员工总数（万人）
	土地投入	建成区面积（平方千米）
期望产出	经济产出	地区生产总值（亿元）
	环境效益	建成区绿化覆盖面积（公顷）
	社会效益	地方财政预算收入（亿元）
非期望产出	环境污染综合指数（熵权法）	工业废水排放量（万吨）
		工业烟粉尘排放总量（吨）
		工业二氧化硫排放总量（吨）
		二氧化碳排放量（吨）

二、测度方法

1.Meta–US–SBM 模型法

参考邓宗兵等[①]的做法，将各城市根据国务院发展研究中心提出的八大经济区划进行分组，然后测度 280 个城市的效率值，具体模型如下：

$$X=[x_1,x_2,\cdots,x_M]\in R_+^M，\ Y=[y_1,y_2,\cdots,y_R]\in R_+^R，B=[b_1,b_2,\cdots,b_J]\in R_+^J$$

① 邓宗兵，李莉萍，王炬，等 . 技术异质性下中国工业生态效率地区差异及驱动因素 [J]. 资源科学，2022，44（5）：1009–1021.

$$P_{\text{ko}}^{\text{Meta}}=\min\frac{1+\dfrac{1}{M}\sum_{m=1}^{M}\dfrac{s_{mko}^{x}}{x_{mko}}}{1-\dfrac{1}{R+J}\left(\sum_{r=1}^{R}\dfrac{s_{rko}^{y}}{y_{rko}}+\sum_{j=1}^{J}\dfrac{s_{jko}^{b}}{b_{jko}}\right)}$$

$$s.t.\ x_{\text{mko}}-\sum_{h=1}^{H}\sum_{n=1,\,n\neq 0\ if\ h=k}^{N_h}\varepsilon_n^h x_{mhn}+s_{mko}^{x}\geqslant 0$$

$$\sum_{h=1}^{H}\sum_{n=1,\,n\neq 0\ if\ h=k}^{N_h}\varepsilon_n^h y_{rhn}-y_{rko}+s_{rko}^{y}\geqslant 0$$

$$b_{jko}-\sum_{h=1}^{H}\sum_{n=1,\,n\neq 0\ if\ h=k}^{N_h}\varepsilon_n^h x b_{jhn}+s_{jko}^{b}\geqslant 0$$

$$1-\frac{1}{R+J}\left(\sum_{r=1}^{R}\frac{s_{rko}^{y}}{y_{rko}}+\sum_{j=1}^{J}\frac{s_{jko}^{b}}{b_{jko}}\right)\geqslant\varepsilon$$

$$\varepsilon_n^h,s^x\ ,s^y\ ,s^b\geqslant 0$$

$$m=1,\ 2,\ \cdots,\ M;\ r=1,\ 2,\ \cdots,\ R;\ j=1,\ 2,\ \cdots,\ j$$

其中：M、R、J 分别表示投入、期望产出和非期望产出个数，ε 为非阿基米德无穷小；S^X、S^y、S^b 为投入变量、期望产出和非期望产出的松弛变量。

2. 数据包络分析方法（DEA）

DEA 是由 Charnes 和 Cooper 等人于 1978 年提出的一种效率评价方法，该方法能够避免指标单位的不同造成结果误差较大等问题。DEA 是通过线性规划及凸分析，根据多投入、多产出指标对相同类型决策单元（Decision Making Units，DMU）的相对有效性进行测度的一种非参数统计方法。他们建立的第一个模型被命名为 C^2R 模型。由于 DEA 方法在建模前无须对研究对象的数据进行标准化处理，不需要人工赋予各指标权重，通过决策单元本身数据特点来求综合评价值，有效地解决了在测度区域生态效率过程中的指标赋权问题。

第三章　城镇化对区域生态效率影响的门槛及空间溢出效应

第一节　研究区域和数据来源

一、研究区域概况

长江中游城市群，属于特大型国家级城市群，是长江经济带的重要组成部分。规划范围跨越湖北省、湖南省、江西省三地。湖北省共13个地级市，湖南省有8个地级市，江西省有9个地级市及吉安部分县区。长江中游城市群由于其特殊的地理位置条件及经济发展优越性，在我国占有重要的战略定位。由于数据的可获得性，在长江中游城市群的基础上进行研究区域的调整，主要包含江西省11个地级市，湖南省13个地级市、1个自治州，湖北省12个地级市（不含恩施州、仙桃市、潜江市、神农架、天门市），总共37个地区。

二、社会经济概况

长江经济带三大城市群共74个地级市，土地总面积约81.4万平方千米，占全国土地总面积8.5%；2019年共实现地区生产总值约36.3万亿元，占全国地区生产总值 36.6%；常住总人口约 3.97 亿人，占全国常住总人口 28.4%。长江经济带的经济增长主要依靠三大城市群，分别为长三角城市群、长江中游城市群、成渝城市群。

其中，长三角城市群共 27 个地级市，土地总面积约 22.5 万平方千米，占全国土地总面积的 2.3%；2019 年共实现地区生产总值约 20.6 万亿元，占全国地区生产总值 20.6%；常住总人口约 1.65 亿人，占全国常住总人口 11.8%。长江中游城市群共 31 个地级市，土地总面积约 35 万平方千米，占全国土地总面积的 3.6%；2019 年共实现地区生产总值约 9.4 万亿元，占全国地区生产总值 9.5%；常住总人口约 1.31 亿人，占全国常住总人口 9.4%。成渝城市群共 16 个地级市，土地总面积约 23.9 万平方千米，占全国土地总面积 2.5%；2019 年共实现地区生产总值约 6.5 万亿元，占全国地区生产总值 6.6%；常住总人口约 1.01 亿人，占全国常住总人口 7.2%。

长江中游城市群以占全国约 3.6% 的土地面积，产出了全国约 9.5% 的经济总量，集聚了全国约 9.4% 的常住人口。与其他两个城市群相比，长江中游城市群覆盖地区是最广泛的（见表 3–1）。

表 3–1 2019 年长江经济带三大城市群及全国总量规模比较

	主要指标	长三角城市群（27 市）	长江中游城市群（31 市）	成渝城市群（16 市）	合计（74市）
总量规模	土地面积（万平方千米）	22.5	35	23.9	81.4
	GDP（万亿元）	20.4	9.4	6.5	36.3
	常住人口（亿人）	1.65	1.31	1.01	3.97
占全国比重	土地面积（%）	2.3	3.6	2.5	8.5
	GDP(%)	20.6	9.5	6.6	36.6
	常住人口 (%)	11.8	9.4	7.2	28.4

如图 3–1 所示，长江经济带经济增速处于高速区间运行，其中长江中游城市群增速最快。2019 年全国经济增速为 6.1%，长江经济带经济增速为 7.2%，高于全国经济增速 1.1%。其中，长江中游城市群经济增速为 7.8%，成渝城市群经济增速为 7.7%，长三角城市群经济增速为 6.8%。

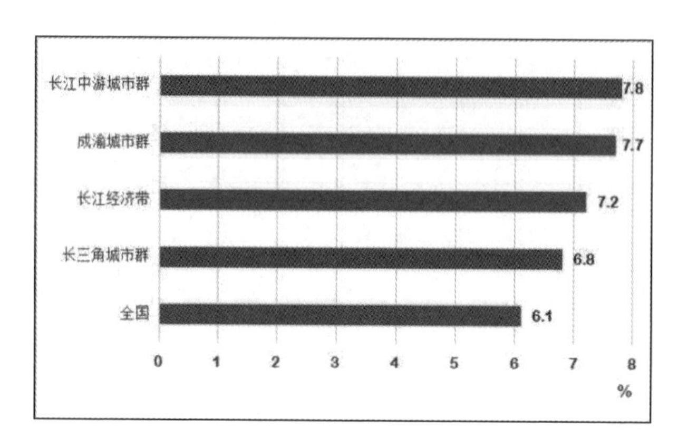

图 3–1 2019 年长江经济带三大城市群经济增速及区域比较

如图 3–2 所示，长江中游城市群与全国常住人口城镇化率基本持平。2019 年全国常住人口城镇化率为 60.6%。从三大城市群来看，长三角城市群常住人口城镇化率最高，达 68.4%；长江中游城市群常住人口城镇化率为 60.5%；成渝城市群常住人口城镇化率水平较低，仅为 52.7%。

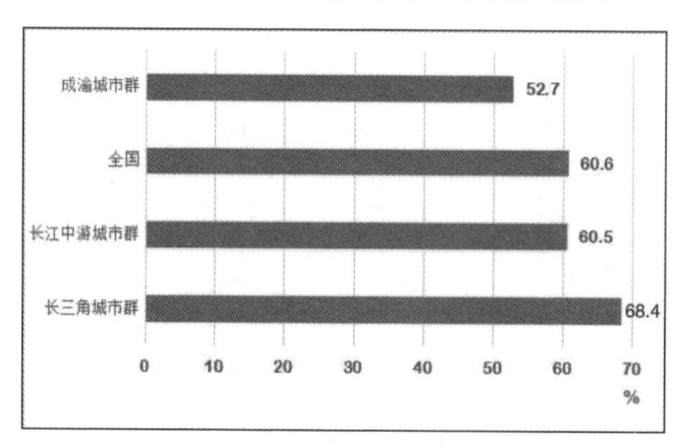

图 3–2 2019 年长江经济带三大城市群常住人口城镇化率及全国比较

如图 3–3 所示，长江中游城市群人均生产总值略高于全国人均生产总值。2019 年全国人均生产总值为 7.09 万元。从三大城市群来看，长三角城市群人均生产总值 12.37 万元，远高于其他两个城市群；长江中游城市群人均生产总值 7.18 万元；成渝城市群人均生产总值 6.46 万元。

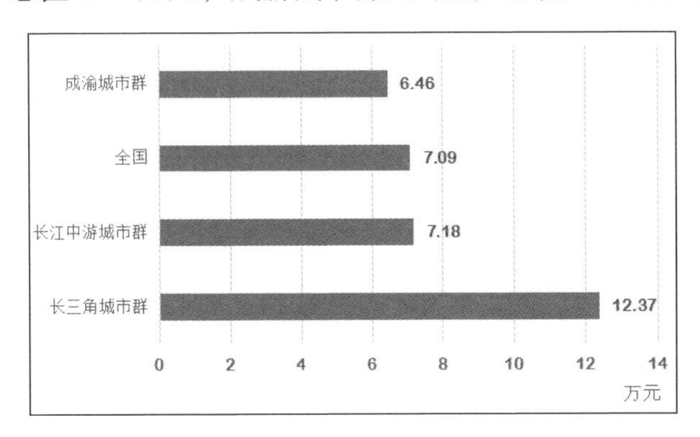

图 3–3　2019 年长江经济带三大城市群的人均 GDP 及全国比较

如图 3–4 所示，长江中游城市群地均产出是全国地均产出的 2.59 倍。2019 年全国地均产出 1032 万元 / 平方千米。长江经济带中，长三角城市群地均产出最高，达到了 9062 万元 / 平方千米。成渝城市群与长江中游城市群基本持平。成渝城市群地均产出 2716 万元 / 平方千米，长江中游城市群地均产出 2680 万元 / 平方千米。

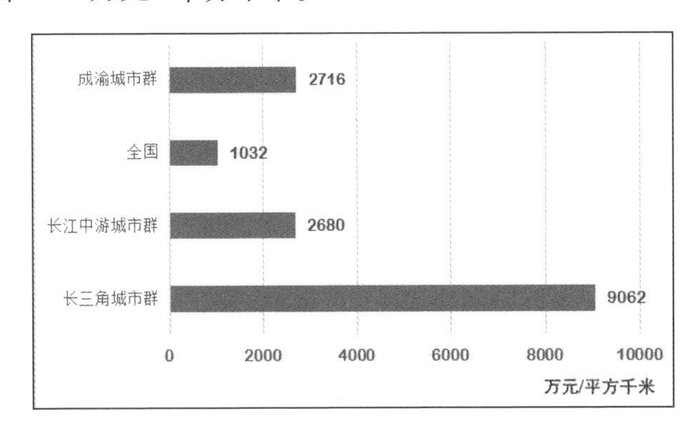

图 3–4　2019 年长江经济带三大城市群的地均产出及全国比较

三、城镇化趋势分析

城镇化水平测算，通过参照以往研究成果，采用人口城镇化代表城镇化水平，用指标常住城镇人口占常住总人口比例表示。考察期内长江中游各地级市城镇化水平按照上述计算方法得出，其计算结果见图 3–5。

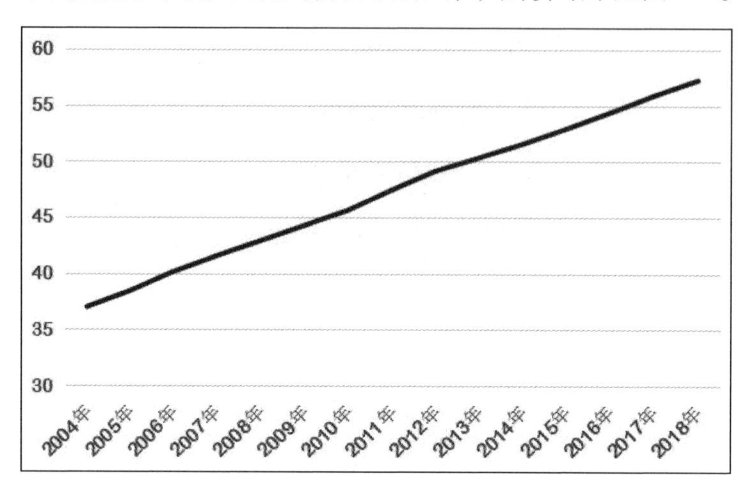

图 3–5　长江中游城市群城镇化水平变化

从图 3–5 可以看出，从整体变化趋势来看，整体城镇化水平稳定提高，2004 年平均城镇化为 36.99%，2018 年平均城镇化为 57.24%，增长幅度为 20.25%。2018 年，城镇化水平破 70% 的地级市共 4 个，分别为南昌市、新余市、长沙市、武汉市，城镇化率分别为 74.23%、70.03%、79.1%、80.04%。长沙市、武汉市分别作为湖南、湖北省会城市，城镇化水平远高于其他地区。

从图 3–6 可以看出，长江中游城市群各地级市城镇化水平增长量呈现区间分布，城镇化水平在不断提高。增长分布范围分别在 15% 以下、15%~20%、20%~25%、25%~30%。增长量在 25%~30% 区间的地级市分别为长沙市、上饶市、株洲市，占总地级市比例 8%。其中长沙市增长量最大，长沙市 2004 年城镇化为 51.19%，2018 年城镇化为 79.1%，增长 27.91%。

上饶市 2004 年城镇化为 25%，2018 年城镇化为 51.97%，增长 26.97%。株洲市 2004 年城镇化为 41.5%，2018 年城镇化为 67.1%，增长 25.6%。增长量在 20%~25% 区间的地级市共 17 个，占比达 48.57%。其中增长较快的城市为武汉市、永州市、新余市，分别增长 24.14%、26.57%、23.43%。增长量在 15%~20% 区间的地级市共 16 个，占比达 43.24%。其中岳阳市、鄂州市、九江市分别增长 19.81%、19.73%、19.07%。增长量在 15% 以下区间的地级市共两个，占比 5.4%，分别为黄冈市、咸宁市。2004 年黄冈市城镇化 33.52%，2018 年城镇化 46.65%，增长 14.48%。2004 年咸宁市城镇化 38.58%，2018 年城镇化 53.28%，增长 14.7%。从 2018 年各地级市城镇化水平来看，整体不断上升，但地区之间差异逐渐增大。2004 年最低城镇化为 25%，2018 年最低城镇化为 46.5%，上升 21.5%。从分级结果看，与 2004 年相比，第一梯队及第二梯队数量有所减少。萍乡市、新余市景德镇市退出第一梯队，十堰市、荆门市、荆州市、岳阳市退出第二梯队。

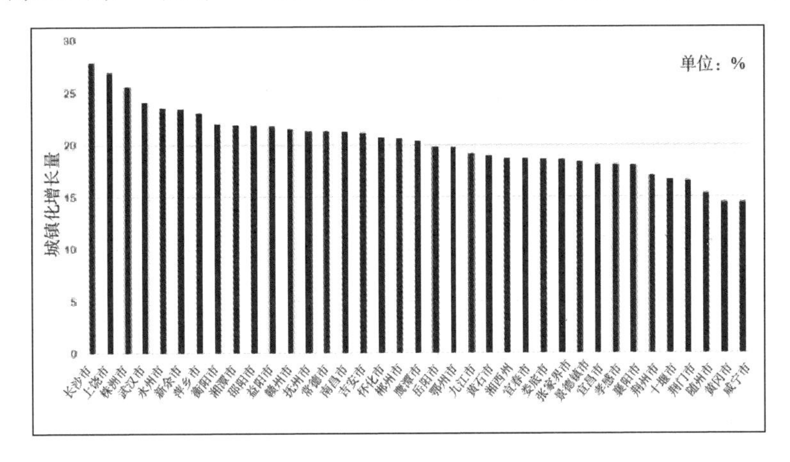

图 3–6　2004—2018 年长江中游城市群各地级市城镇化水平增长量

从 2004 年各地级市城镇化水平来看，第一梯队当中，城镇化水平在 44% 以上的地级市有 7 个，分别为武汉市、鄂州市、长沙市、萍乡市、新余市、南昌市、景德镇市。第二梯队当中，城镇化水平在 36%~44% 的地级市共有 11 个，分别为十堰市、襄阳市、宜昌市、荆门市、黄石市、荆州市、孝感市、岳阳市、湘潭市、株洲市、鹰潭市，主要集中在湖北西部地区。最后梯队当中，城镇化水平较低的地区有湘西市、怀化市、娄底市、益阳市、永州市、邵阳市、赣州市、吉安市、上饶市，主要集中在江西省南部地区以及湖南省西南部地区。

从 2018 年各地级市城镇化水平来看，第一梯队当中，城镇化水平在 70% 以上的地级市有 4 个，分别为武汉市、长沙市、南昌市、新余市。第二梯队当中，城镇化水平在 58%~70% 的地级市共有 10 个，分别是宜昌市、襄阳市、孝感市、鄂州市、黄石市、景德镇市、鹰潭市、萍乡市、株洲市、湘潭市。最后梯队当中，城镇化水平较低的地区在 2004 年的基础上，增加了宜春市、咸宁市、随州市、黄冈市、张家界市。上饶市从最后梯队进入了第三梯队。从分级结果看，与 2004 年相比，第一梯队及第二梯队城市数量有所减少，萍乡市、新余市、景德镇市退出第一梯队，十堰市、荆门市、荆州市、岳阳市退出第二梯队。由此可以看出，地区之间的城镇化差异正在不断扩大。经济发展较好的地区城镇化水平不断加快，逐渐拉开与周边地区的距离；经济发展水平较缓慢地区由于受到资源、人口等因素影响，城镇化进展普遍偏慢。

就其时空变化特征而言，省会城市长沙市、武汉市、南昌市辐射带动作用明显。城镇化水平较高区域主要为长江流域周边地区，主要集中在湖北境内，如武汉市、孝感市、鄂州市、黄石市、襄阳市、宜昌市，有较为明显的空间集聚效应。除此之外，湖北省岳阳市、荆州市、荆门市、十堰市城镇化水平均处于第二梯队。城镇化水平较低地区主要集中在东南部地区及西部地区。东南部地区主要为江西省南部地区，因为临近广东省、福建省，存在较为严重的人口外流现象。西部地区为湖南省境内，临近贵州省、重庆市，受地形地貌因素影响，该地区城镇化水平普遍不高。

四、数据来源

本书以长江中游37个地级市2004—2018年的数据为样本，涉及城镇化水平、区域生态效率测算指标，即废水排放量、废气排放量、工业固体废物排放量、能源消耗量、用水量、城市建设用地面积、地区生产总值7个指标；涉及面板门槛模型中解释变量的指标，即城镇化水平、第三产业比重、城镇就业人数、个人生产总值、每万元GDP能耗5个指标。全文共12个指标，以上数据均来自各省统计年鉴、国民经济与社会发展公报、各地级市统计年鉴，部分年份数据缺失通过趋势外推法进行计算。

第二节　理论分析与假设

由库兹涅茨曲线可知，拐点发生在城镇化水平较高的阶段；城镇化对环境污染的影响存在门槛特征。从城镇化的演变特点来看，城镇化主要分为三个阶段。在城镇化水平30%以下为第一阶段——缓慢增长期，在这个阶段，社会的主要形态还是以农业社会为主，主要以农村人口为主，城镇化发展速度缓慢。随着人口增长及高耗能产业的出现，开始进入第二阶段——快速增长期，这一阶段的城镇化水平一般达30%以上。这一阶段科技发展取得了一定的进步，农业生产水平有了较大的提高，规模化农场经营模式替代了传统个体户模式，农户的耕地开始成片流转，农户从农业逐渐流向二、三产业寻找工作机会。同时，伴随着城镇中资本及企业的不断增加，城市对于外来人口的吸纳能力逐步增强。政府通过相关政策提倡农村人口进城，城镇就业人口不断增多，同时，也产生了资源消耗、环境污染等问题。第三阶段为高质量增长期，诺瑟姆曲线认为这一时期的城镇化水平为70%左右，此时通过技术水平提高、产业结构优化等举措，使得生态环境有了较大的改变，城镇化速度开始减慢，城镇化进展与区域生态效率提高能够协同共进。

综上所述，在此过程中，城镇化对区域生态效率的影响并不是以单调递增或者单调递减的形式存在，随着城镇化的不断发展而出现一个或多个“转折点”，即门槛值。同时，城镇化水平对于区域生态效率的影响方向也会发生变化，呈现阶段性特征，类似分段函数的非线性影响，又称为“门槛效应”。其理论逻辑如图 3–7 所示。

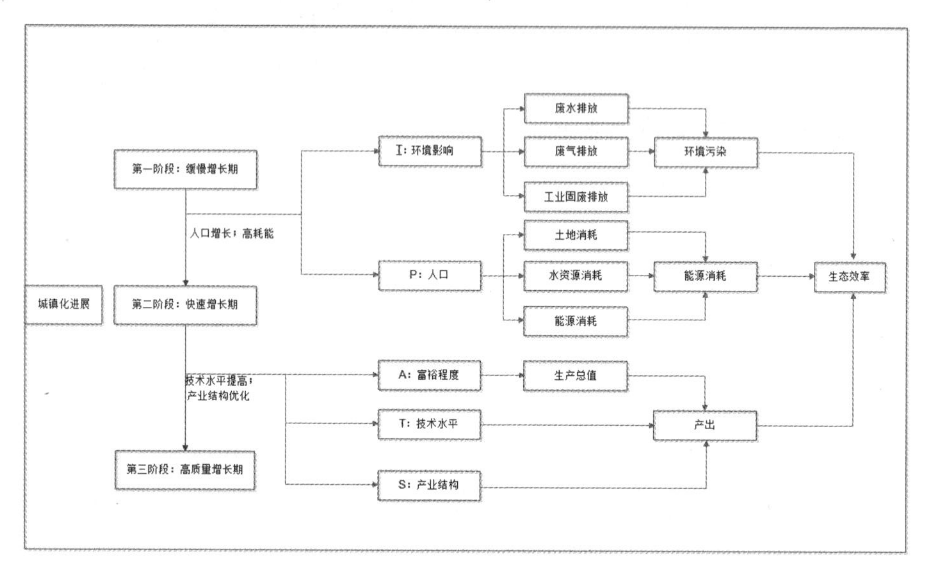

图 3–7　城镇化与区域生态效率影响机制

结合长江中游实际情况，2004 年长江中游城市群平均城镇化水平达 36.99%，实际上已经跨过第一阶段，正处于第二阶段（30%~70%），因此，本书主要从第二阶段开始研究。如图 3–8 所示，城镇化对区域生态效率的影响主要分为两个阶段，其中 *AB* 为第一阶段，*B* 点以后为第二阶段，*F* 点为门槛值。在第一阶段中，城镇化水平会促进区域生态效率提升，表现出城镇化与区域生态效率正相关。因为城镇化对于人口、经济、社会发展有较大的帮助，当各要素不断集聚形成集聚效应时，会减少各生产要素的投入，提高各要素利用率，经济发展不断递增，促进了区域生态效率的提高。

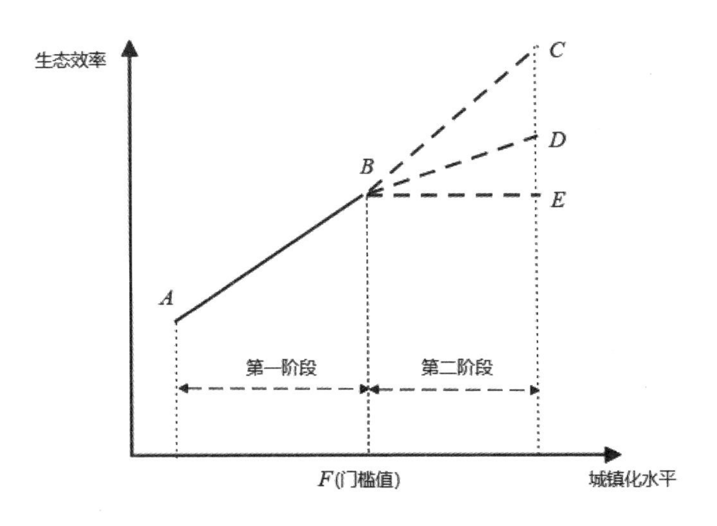

图 3–8　理论假设

第二阶段在 *F* 点以后，城镇化对区域生态效率的影响存在以下三种情形[①]。

第一种情形（BC 线）：城镇化跨过门槛值后，城镇化对区域生态效率仍产生正向影响，且正向作用增强。这种情形一方面是因为随着社会的发展，政府更加注重环境保护问题，对于企业污染排放的管控更加严格，政府环境规制水平不断提高。同时，新能源逐步替代不可再生能源，能源使用的技术水平不断提高。另一方面，节能技术进步在区域生态效率提升方面也发挥了重要作用[②]，技术升级通过提高原材料利用率以及污染物回收治理，能够在源头端减少污染。通过各要素的优化配置以及政策干预，城镇化对于区域生态效率的正向作用不断增强。

第二种情形（BD 线）：城镇化跨过门槛值后，城镇化与区域生态效率仍为正相关关系，但正向作用减弱。在门槛值之间，初期的环境保护政策、

---

① 王英. 农业人口转移对耕地利用效率影响的门槛及空间溢出效应 [D]. 南昌：江西财经大学，2020.

② 郑慧，贾珊，赵昕. 新型城镇化背景下中国区域生态效率分析 [J]. 资源科学，2017，39（7）:1314–1325.

技术水平、产业结构的调整作用较为明显，但是随着城镇化水平的不断提高，当达到门槛值后，经济、产业、社会各方面的要素投入基本保持稳定，规模效应产生的边际效益也逐渐递减。相关改革以及结构调整已经完成，因此，城镇化对与区域生态效率提高的推动作用有所减弱。

第三种情形（BE 线）：城镇化跨过门槛值后，区域生态效率维持在一个稳定的水平。当城镇化发展到一定阶段时，城镇化所产生的资源消耗、环境污染等负面影响与城镇化人口集聚、规模效应、环境治理所带来的正向影响处于平衡状态时，能源消耗投入与经济产出保持同比例变化，环境污染问题得到了有效治理。污染排放在生态承载能力范围内，未来的一段时间内，区域生态效率会维持在同一水平。

综上，本书在城镇化阶段论的基础上，提出后一阶段的三种响应情形。在门槛值之前，城镇化对于区域生态效率产生正向影响；当城镇化跨过门槛值后，城镇化对于区域生态效率的影响有三种情况，即正向影响加强、正向影响减弱、不表现出来。

第三节　研究内容和技术路线

一、研究内容

本书从城镇化与区域生态效率两者关系视角出发，在城市发展阶段论、可持续发展理论、空间相关性、环境库兹涅茨曲线等理论基础上，通过对国内外两者之间的耦合协调、影响关系等研究的梳理，以长江中游 37 个城市为例，以 2004—2018 年面板数据为样本，首先通过超效率 DEA 模型测算出各地区区域生态效率，其次借助面板门槛模型，深入研究城镇化与区域生态效率之间的非线性影响，并在此基础上分析两者之间是否存在空间溢出效应，最后提出相关的空间治理策略及提升政策。研究主要内容包括：

1. 研究区域概况及数据说明

这一部分首先对研究区域的经济发展水平、城镇化水平、居民生活水平、用地效益四方面的数据与其他城市群以及全国进行比较，然后对本书所涉及的数据指标出处进行说明，最后对长江中游城市群各地区城镇化发展现状、变化趋势、时空演变进行具体分析。

2. 长江中游城市群城镇化及区域生态效率测算

这一部分主要对区域生态效率进行测算。在借鉴以往研究的指标基础上，选取相关投入以及产出指标，采用超效率 DEA 模型进行测算，分析区域生态效率指标现状、时空演变趋势及区域差异化特征。

3. 城镇化对区域生态效率影响的门槛效应

首先对于两者的非线性关系提出理论假设，对跨过阈值后的变化列出不同的情形。接着对部分数据进行对数处理，防止异方差，将城镇化水平作为核心解释变量及门槛变量，通过面板门槛求出门槛值，然后对门槛值前后系数进行估计，通过普通面板模型验证其稳健性。最后根据门槛值以及前后影响系数，对各地目前所处阶段提出相应对策建议。

4. 城镇化对区域生态效率的空间溢出效应

这一部分通过人口的流动性、地方政府的模仿性、污染的扩散性理论分析空间溢出效应的存在，接着通过莫兰指数验证区域生态效率空间相关性的存在，并借助空间计量模型进行模型类型检验，最终确定空间杜宾模型，最后通过模型实证城镇化对于区域生态效率的空间溢出效应，再根据实证结果提出相关空间治理建议。

二、研究方法

1. 超效率 DEA 模型

该模型主要用于测算区域生态效率。它在传统的 DEA 模型上进行了改进，能够通过设定不同的有效前沿面，对于无法评价的决策单元进一步划分效率值。本书通过投入、消耗、产出三方面指标，借助相关软件，计算长江中游城市群各市历年区域生态效率。

2. 面板门槛模型

该模型主要用于测算城镇化与区域生态效率非线性影响。通过面板门槛模型，找出城镇化对于区域生态效率影响的变化值。本书通过对控制变量城镇就业人数、个人生产总值、每万元 GDP 能耗取对数处理，减少误差。在处理数据完成后，通过 Stata 13.0 软件进行面板门槛检验，求出城镇化对区域生态效率影响的门槛值及前后影响系数。

3. 空间计量模型

该模型主要用于测算城镇化对区域生态效率的空间溢出效应。空间计量模型不同于普通计量模型，它的优点在于能够检验空间临近关系下变量相互影响的关系。常用的空间计量模型分为空间滞后模型、空间误差模型和空间杜宾模型三种，需要通过相关检验选取合适的模型类型。首先通过全局莫兰指数判断区域生态效率是否存在空间上的相关性，其次通过 LM 检验、LR 检验确定空间杜宾模型是否会退化为其他两种模型，接着通过 Hausman 检验确定随机效应或者固定效应，最后通过 LR 双固定检验确定最后的模型类型。为了检验空间溢出效应，需要将估计的结果进一步分解，得到城镇化以及相关控制变量的间接效应影响。

三、研究技术路线

研究技术路线见图 3–9。

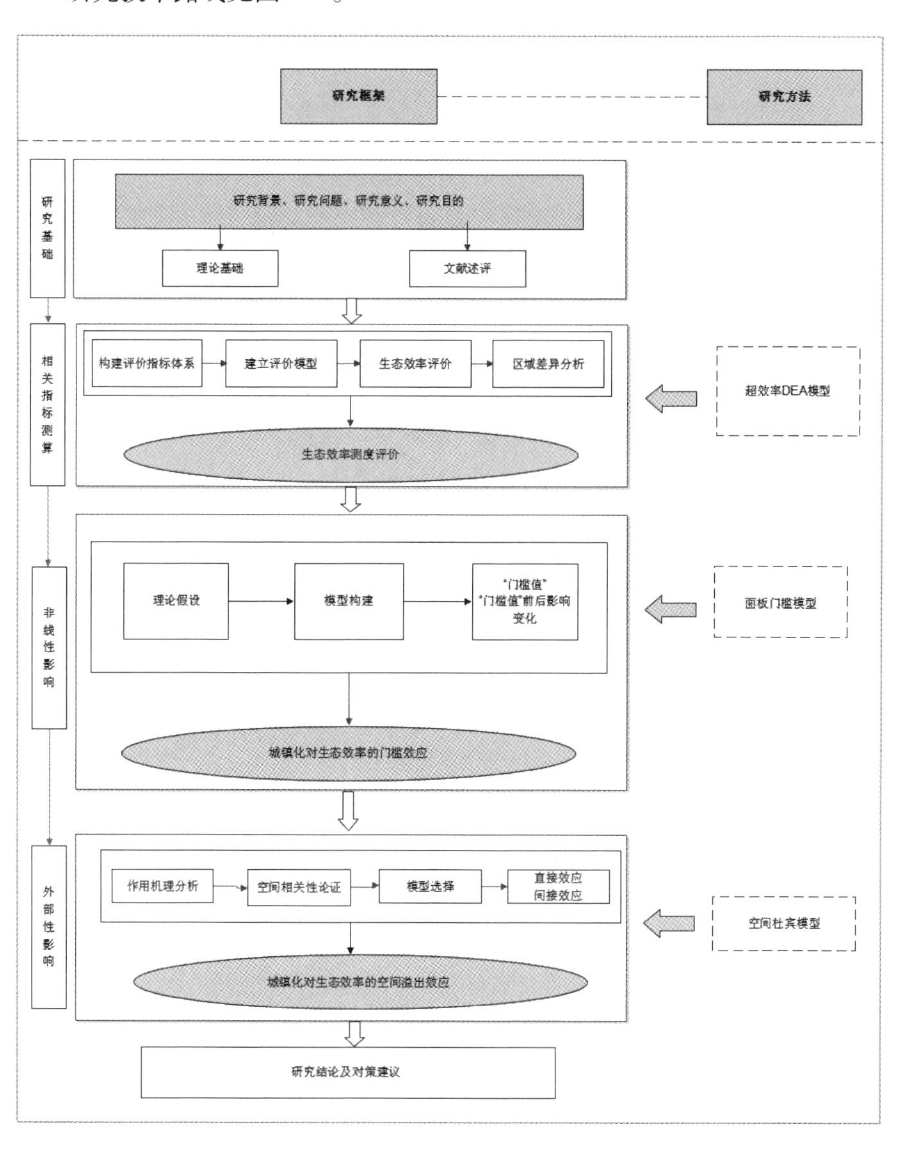

图 3–9 技术路线示意图

第四节　区域生态效率测度评价

一、区域生态效率测算

1. 变量设置

区域生态效率就是在资源投入及环境代价最小化的前提下，达到最大的经济产出。本书通过借鉴杨斌①、刘娟②等指标选择，确定本书区域生态效率相关评价指标（见表 3–2）。研究发现，产出指标主要表现为经济发展，将地区 GDP 作为经济发展的产出；投入指标主要为环境污染的成本及能源消耗的投入。高区域生态效率要求投入指标尽可能小，而产出指标尽可能大。综合考虑，选取废水排放总量、废气排放总量、工业固体废物产生量、能源消耗总量（标准煤消耗量）、建设用地面积、用水总量作为投入指标，地区 GDP 作为产出指标。

表 3–2　区域生态效率评价体系

指标类型	类别	指标构成
投入指标	环境污染	废水排放总量
		废气排放总量
		工业固体废物产生量
	能源消耗	能源消耗总量
		建设用地面积
		用水总量
产出指标	经济发展	地区 GDP

① 杨斌 .2000—2006 年中国区域生态效率研究：基于 DEA 方法的实证分析 [J]. 经济地理，2009，29（7）：1197-1202.

② 刘娟 . 中国城镇化对生态效率的影响研究 [D]. 兰州：兰州大学，2020.

2. 模型构建

传统的评价模型需要人工给各指标赋予权重，存在较大的主观性，造成结果的误差较大等问题。DEA 方法可以通过分析各个变量数据本身存在的特点，设定最优前沿面，从而进行评价分析，解决了传统评价方法需要人工赋予指标权重的问题。

共有 n 个研究地区（n=37，表示 37 个地区）；θ 表示地区的区域生态效率值，且满足 $0 \leqslant \theta \leqslant 1$；每个地区都有 m 个投入变量（m=6，分别表示废水排放总量、废气排放总量、工业固体废弃物产生量、能源消耗总量、建设用地面积、用水总量），S 个产出变量（S=1，表示地区 GDP）；X_{jk} 表示第 k 个地区的第 j 个输入变量，y_{jk} 表示第 k 个地区的第 j 个输出变量。通过设定目标函数以及相关约束条件，变换后就可以得到规模报酬不变的 DEA 模型的线性表达式。

$$\text{s.t}\begin{cases}\min\theta \\ \sum_{j=1}^{n}\lambda_j x_j \leqslant \theta x_k \\ \sum_{j=1}^{n}\lambda_j y_j \geqslant y_k \\ \lambda_j \geqslant 0,\ j=1,2,\cdots,n\end{cases}$$

规模报酬不变的 DEA 模型（见图 3-10）在计算区域生态效率的时候，区域生态效率的最大值都为 1，不能够体现同一层次地区间效率差异。所以为了避免地区间的区域生态效率都为 1，导致无法判断地区差异及时间上的演变过程，同时为了能够更好地比较各地区之间区域生态效率的差异变化，本书选择在 DEA 模型基础上进行改进的超效率 DEA 模型来测度长江中游城市群 2004—2018 年的区域生态效率。其基本原理是：在评价某个地区时，该地区不参与到评价当中。如图 3-10 所示，在计算地区 A 的效率值时，将其排除在地区参与集之外，则对于 A 的有效前沿面由原来的 $SABS'$ 变为 $SCBS'$，A 的效率值变为 $OA' / OA \geqslant 1$；而无效率地区 C'，其

生产前沿面仍然为 *SABS′*，效率值不变。

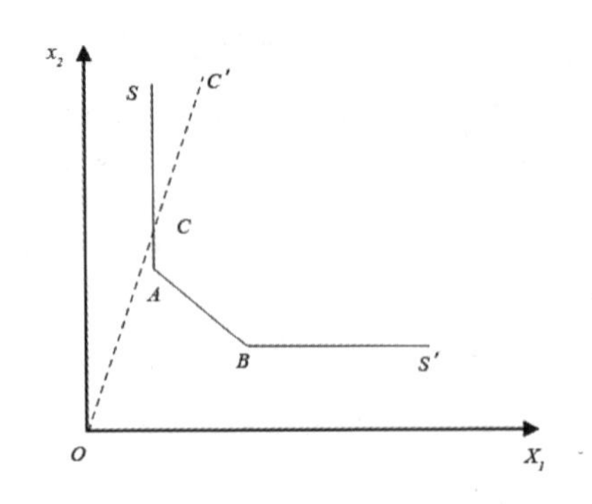

图 3–10 规模报酬不变的 DEA 模型

在超效率 DEA 模型（见图 3–11）评价当中，对于效率值小于 1 的地区，按照 DEA 模型进行评价；对于效率值大于 1 的部分，可以通过不同的有效前沿面进一步比较划分效率值，数学表达式如下：

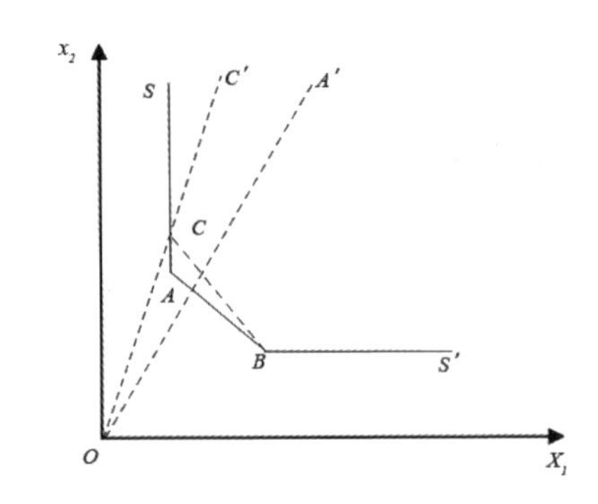

图 3–11 规模报酬不变的超效率 DEA 模型

$$
\text{s.t}\begin{cases}
\min\theta \\
\sum\limits_{\substack{j=1 \\ j\neq k}}^{n} \lambda_j x_j \leqslant \theta x_k \\
\sum\limits_{\substack{j=1 \\ j\neq k}}^{n} \lambda_j y_j \geqslant y_k \\
\lambda_j \geqslant 0,\ j=1,2,\cdots,n
\end{cases}
$$

3. 结果分析

通过 MaxDEA 7 软件计算 2004—2018 年长江中游城市群 37 个地区区域生态效率，结果如图 3-12 所示。

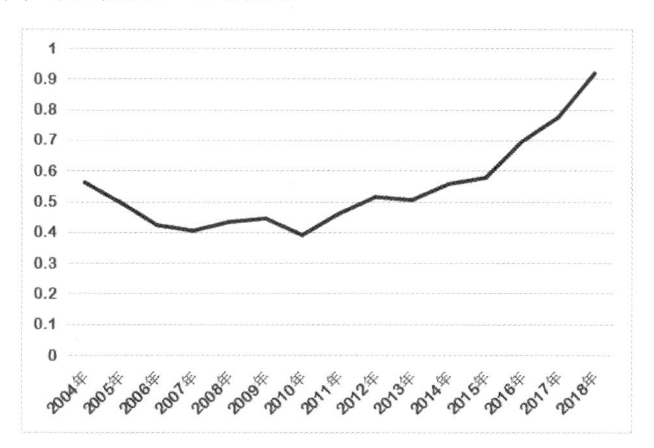

图 3-12　长江中游城市群平均区域生态效率变化趋势

从地区平均区域生态效率增长趋势来看，呈现先减少后平稳上升的特点。2004—2010 年长江中游城市群区域生态效率略微有所下降，从大约 0.6 下降至 0.4 左右。2010 年以后呈现稳定上升，2018 年区域生态效率超 0.9，增长幅度为 125%。其中从 2015 年开始，长江中游城市群区域生态效率上升幅度较大。这主要是因为 2015 年国务院正式批复《长江中游城市群发展规划》，该规划明确提出共建生态文明的要求，提倡各地区加强可持续发展，走人与自然和谐发展的道路。这对于长江中游城市群区域生态效率的提高起到了重要的作用。

从 2004 年区域生态效率来看，区域生态效率高于 1.5 的地区共有 10 个。其中江西省 4 个，分别为景德镇市、上饶市、抚州市、赣州市；湖北省 4 个，分别为随州市、黄冈市、黄石市、咸宁市；湖南省只有张家界市。宜春市、新余市、萍乡市、鹰潭市、孝感市区域生态效率为 0.5~1，其余地区均低于 0.5。从分布上来看，区域生态效率较高地区主要分布在中东部地区，呈环带状分布。

从2008年区域生态效率来看，区域生态效率与2004年相比整体有所下降。区域生态效率均降到1.5以下。上饶市、赣州市从第一梯队下降到第四梯队。结合实际情况，三省在2000—2010年间，工业化进程不断加快，由于节能技术的限制以及相关监管制度的缺乏，致使相关污染排放增多，区域生态效率有所下降。

从2012年区域生态效率来看，区域生态效率呈现回升趋势。黄石市、景德镇市、鹰潭市区域生态效率上升到1.0以上。其中江西省各地级市区域生态效率提高较为显著，南昌市、长沙市、上饶市、萍乡市、吉安市、襄阳市均有所上升。2009年，江西省颁布《江西省低碳经济社会发展纲要白皮书》，明确生产方式向低碳型转变，提高本地区碳汇能力。与此同时，随着生态保护意识的不断增强，鄱阳湖生态经济区建设作为中部地区生态建设的重要支撑，被纳入国家战略当中。2012年，党的十八大把生态文明纳入建设中国特色主义的总体布局当中。这一系列的举措，加快了江西省节能减排、产业结构优化的步伐，加强了对区域环境的保护，提高了长江中游城市群区域生态效率。

从2018年区域生态效率来看，区域生态效率较高区域主要分布在中东部地区，其中区域生态效率最高区域为吉安市，达1.5。区域生态效率为1.0~1.5的地区共22个，占比59.45%。其中江西省7个，分别为南昌市、鹰潭市、景德镇市、萍乡市、上饶市、九江市、宜春市；湖北省9个，分别为咸宁市、黄冈市、黄石市、鄂州市、武汉市、随州市、襄阳市、宜昌市、十堰市；湖南省6个，分别为长沙市、常德市、郴州市、张家界市、湘西州、岳阳市。区域生态效率为0.5~1的地区共9个，分别为荆州市、怀化市、永州市、湘潭市、抚州市、孝感市、赣州市、新余市、荆门市。区域生态效率处于0.5以下的地区共5个，分别为益阳市、娄底市、株洲市、衡阳市、邵阳市。从分布上来看，主要趋势是向中部集中，临近长江流域，具有空间集聚性特征。

从各地区区域生态效率的时空演变来看，主要特征为高区域生态效率区域逐渐向中部地区转移。2004 年，高区域生态效率区域主要集中在东部地区，呈环带分布，如随州市、黄冈市、景德镇市、上饶市、抚州市、赣州市；少数分布在西部地区，如张家界市、湘西市。到 2018 年，高区域生态效率区域主要集中在中部地区，其中吉安市最高，中部地区长沙市、南昌市、武汉市周边地区区域生态效率普遍在 1.0 以上。

二、城镇化与区域生态效率内在联系

通过城镇化与区域生态效率对比发现，两者在空间分布上呈现相关性特征。无论是城镇化还是区域生态效率，从 2008 年起，整体不断上升。同时，两者均向中部集中。城镇化水平较高区域主要分布在三个省会城市。区域生态效率较高区域主要分布在中东部地区。两者在空间上存在重合性，说明城镇化高速发展会带动区域生态效率的提高。

从城镇化与区域生态效率的协调发展来看，部分地区两者协调性有待提高。从长江中游城市群视角看，城镇化与区域生态效率可分为四个级别，部分地区城镇化水平滞后区域生态效率，如湘西州、张家界市、咸宁市、黄冈市、宜春市等；部分地区区域生态效率水平滞后城镇化水平，如新余市、衡阳市、株洲市、孝感市等。通过对城镇化与区域生态效率的时空演变及内在联系进行简单分析，发现两者在空间上整体处于向好态势，同时在空间上相互影响，部分地区存在不协调现象，未来应当重点关注作用机制及如何提高两者协调发展方面。

三、小结

本节主要进行区域生态效率测度以及评价，在以往学者研究的基础上，选取环境污染、能源消耗作为投入指标，地区 GDP 作为产出指标。通过超效率 DEA 模型计算长江中游城市群各地区的区域生态效率。长江中游城市群整体区域生态效率经历了从 2004 年开始小幅度下降、2012 年出现回升、2015 年开始快速增长三个阶段，分别对应 2000 年以后工业化快速发展、2012 年将生态文明纳入“五位一体”总体布局、2015 年《长江中游城市群发展规划》颁布实施三个时间节点。相关战略的提出以及规划实施对于长江中游城市群区域生态效率的改善起到了关键作用。同时，在时空演变上，高区域生态效率地区逐渐向中部地区集中，分布在长江所流经的地区，西南部地区区域生态效率有待提高。将 2018 年长江中游城市群城镇化与区域生态效率分布情况进行了比较，发现两者在分布上具有一定的空间相关性。政府作为城镇化以及区域生态效率的主导者，相关环境保护的政策以及规划的实施，会以城镇化为主要抓手，通过控制土地扩张、产业结构调整、技能技术研发等方面对区域生态效率施加影响。

第五节　城镇化对区域生态效率影响的门槛效应

一、变量选择

本书重点关注城镇化水平对区域生态效率的影响，在变量选择方面，将区域生态效率（EE）作为被解释变量，各地区区域生态效率在前文已经测算；城镇化（UL）是本书的核心解释变量，城镇化包含人口城镇化、土地城镇化、经济城镇化[①]。本书从人口的角度来评价城镇化水平，选取年末常住城镇人口占比作为城镇化水平衡量指标。

---

① 陈春 . 健康城镇化发展研究 [J]. 国土与自然资源研究，2008（4）：7-9.

根据 IPAT 模型分析[①]，本书选取产业结构、人口、富裕程度以及技术水平作为控制变量进行计量分析。在产业结构方面，由于第三产业有别于一、二产业，对环境污染较小，与区域生态效率联系密切，所以用第三产业增加值占比来表示产业结构。对于人口，主要体现在城镇就业人数方面，城镇就业人数的不断增多，对于生态环境影响、资源消耗不断增大。对于富裕程度，采用个人生产总值衡量，在人们的物质条件不断提高的同时，环保意识也在不断增强，对良好的生活环境的需求不断增强，通过发挥群众监督作用，要求企业污染排放最小化。对于技术水平，则用每万元 GDP 能耗来表示，每万元 GDP 能耗代表着地区经济增长对传统煤炭能源的依赖程度，每万元 GDP 能耗越高，地区煤炭能源消耗越大，说明节能技术水平较低。

其具体变量分别为第三产业占比（TI）、城镇就业人数（UE）、个人生产总值（PG）、每万元 GDP 能耗（EC）。同时，为了避免异方差、提高结果精确度，本书对城镇就业人数、个人生产总值、每万元 GDP 能耗指标进行了对数变换。相关被解释变量、解释变量、控制变量及统计数据特征见表 3–3。

表 3–3　相关变量选择及数据说明

变量分类	变量名称	最大值	最小值	方差	均值	计算方法
被解释变量	区域生态效率 (EE)	2.31	0.06	0.32	0.54	–
解释变量	城镇化水平 (UL)	0.80	0.25	0.11	0.47	–
	第三产业占比（TI）	0.72	0.04	0.07	0.38	–

① DIETZ T, ROSA E A. Effects of population and affluence on CO_2 emissions[J]. Proceedings of the National Academy of Sciences, 1997, 94（1）: 175–179.

（续表）

变量分类	变量名称	最大值	最小值	方差	均值	计算方法
控制变量	城镇就业人数（UE）	6.26	1.50	1.17	4.44	自然对数
	个人生产总值（PG）	11.83	8.30	0.71	10.14	自然对数
	每万元GDP 能耗（EC）	5.80	0.04	0.81	0.66	自然对数

二、模型构建

门槛模型是用来研究变量系数是否稳定，是否呈现非线性关系的工具。Hansen 最先提出面板门槛模型，模型的基本形式如下：

$$\begin{cases} y_{it} = \mu_i + \beta_1 x_{it} + \varepsilon_{it}, & q_{it} \leqslant \gamma \\ y_{it} = \mu_i + \beta_2 x_{it} + \varepsilon_{it}, & q_{it} > \gamma \end{cases}$$

上式可以用示性函数表示，如下：

$$y_{it} = \mu_i + \beta_1 x_{it} \cdot I(q_{it} \leqslant \gamma) + \beta_2 x_{it} \cdot I(q_{it} > \gamma) + \varepsilon_{it}$$

其中，y_{it} 为被解释变量，x_{it} 为解释变量，面板门槛模型与分段函数类似，γ 为待估的门槛值。当门槛变量 q_{it} 小于或等于 γ 时，解释变量的系数为 β_1；当门槛变量 q_{it} 大于 γ 时，解释变量的系数为 β_2。

本书借鉴 Hansen 的研究方法，最终建立的模型如下：

$$\text{In}(EE)_{it} = \alpha_1 UL_{it} I(UL_{it} \leqslant \gamma) + \alpha_2 UL_{it} I(UL_{it} > \gamma) + \alpha_3 \text{In} X_{it} + \mu_i + \varepsilon_{it}$$

式中 :$\text{In}(EE)_{it}$ 表示区域生态效率；UL_{it} 表示城镇化水平，同时也是模型的门槛变量；X_{it} 为模型的一组控制变量，书中表示第三产业占比、城镇就业人数、个人生产总值、每万元 GDP 能耗；α_1、α_2 表示在不同阶段城镇化水平相对应的系数；α_3 表示各控制变量的系数；γ 为待估门槛值；i 表示不随时间变化的个体固定效应；ε_{it} 表示随机扰动项；下标 i 为长江中游城市群 37 个地区；下标 t 为 2004—2018 年 15 个年份。

三、结果分析

1. 门槛效应检验与门槛值确定

门槛效应检验通过 Stata 13.0 软件实现，检验结果如表 3–4 所示。从检验结果来看，单门槛检验通过了 1% 的显著性水平检验。F 值为 47.77，证明了存在一个门槛。双门槛检验未通过检验，说明城镇化对于区域生态效率的影响有且只有一个门槛值。因此，本书采用单门槛模型进行进一步检验和估计，表 3–5 给出了门槛值的大小和相应的置信区间。

表 3–4　门槛效应检验

模型	F 值	P 值	BS 次数	1% 临界值	5% 临界值	10% 临界值
单门槛	47.77***	0.007	300	44.515	30.672	26.683
双门槛	34.14	0.133	300	95.469	68.226	51.340

注：***、**、* 分别表示在 1%、5%、10% 显著性水平下显著性。

表 3–5　单门槛估计值

模型	门槛值	置信区间
单门槛	0.716	[0.705，0.723]

通过软件进一步寻找单门槛值，得到城镇化对区域生态效率影响的门槛估计值为 0.716，其对应的置信区间为 [0.705，0.723]，表明该模型的门槛估计值与真实值相符。

2. 门槛效应分析

从检验结果来看，城镇化水平对区域生态效率呈现阶段性影响，为了解门槛值前后影响系数的变化，在门槛值的基础上，进一步进行单门槛回归，结果如表 3–6 所示。

表 3–6 单门槛效应回归结果

相关变量	影响系数	标准误	T 统计量	P 值
$UL_{it}I(UL_{it} \leq 0.716)$	2.672	0.438	6.1	0.000
$UL_{it}I(UL_{it} > 0.716)$	3.219	0.427	7.53	0.000
TI_{it}	1.01	0.224	4.5	0.000
$LnUE_{it}$	0.122	0.039	3.16	0.002
$LnPG_{it}$	0.131	0.047	2.75	0.246
$LnEC_{it}$	−0.081	0.069	−1.16	0.006

实证结果显示，考察期内城镇化水平对区域生态效率的影响随着城镇化水平的不断提高而呈现门槛效应。在门槛值前后，城镇化水平对区域生态效率的影响均为正向影响，并且均在 5% 显著性水平以下。在门槛值（0.716）之前，城镇化水平对区域生态效率影响系数为 2.672。在跨越门槛值后，城镇化水平对区域生态效率的影响随之提高，影响系数达到了 3.219。影响程度提高了 20.47%。结果表明，与第一种情形相符。当城镇化达到 0.716 时，城镇化对区域生态效率的影响逐渐正向加强。

通过面板门槛模型实证结果分析，结论与城镇化发展阶段论观点基本吻合。这也进一步佐证了实证结论的可靠性。说明在达到门槛值以后，城镇化发展迈入了新的阶段，各要素的配置得到优化，更加注重经济、生态协调发展，更加有利于区域生态效率。在接下来的很长一段时间里，更加关注提高城镇发展质量，实现可持续发展。

通过门槛值及城镇化水平研究，发现大部分城市未跨过门槛值。将 2018 年长江中游城市划分为 3 种类型区域，第一种是跨过门槛值区域，只有3个省会城市武汉市、南昌市、长沙市跨过门槛值。三地已经进入城镇化水平对区域生态效率正向影响增强阶段。其中武汉市2013年城镇化水平为71.52%，最早跨过门槛值；其次为长沙市，其2014年城镇化水平为72.34%，首次跨过门槛值；南昌市2015年城镇化水平为72.34%，三地均前后跨过门槛值。第二种为接近门槛值区域，城镇化水平分布在60%~71%，一共是8个城市，分别为鄂州市、湘潭市、黄石市、株洲市、萍乡市、新余市、鹰潭市、景德镇市。从城镇化发展趋势来看，均在未来5~10年内能够跨过门槛值。从城市特点来看，基本毗邻省会城市且面积处于中等偏小水平。在未来的发展当中，该类型区域应注重探索提高区域城镇化水平的新方法，从而能够提前跨过门槛值。

从各控制变量来看，实证结果中，第三产业占比（TI）、城镇就业人数（UE）、每万元GDP能耗（EC）均通过5%显著性检验，各控制变量对区域生态效率的作用强度依次为：第三产业占比、城镇就业人数、每万元GDP能耗。个人生产总值对区域生态效率有着正向影响，但没有通过显著性检验，因此，可以认为这种影响在长江中游城市群并不显著。

第三产业占比表现对区域生态效率正向作用，影响系数为1.01。随着城镇化的不断提高，第一、第二产业不断向第三产业转移，第三产业具有较多的优点，如对不可再生资源需求少、产出效益高、环境污染小等，第三产业不仅仅自身会减少对生态环境压力，还会改善其他产业，通过第三产业的发展倒逼第一、第二产业转型升级，减少污染，提高资源利用率。

城镇就业人数表现对区域生态效率正向作用，影响系数为0.12。城镇就业人数的增多，说明城市吸引外来人口能力不断增强，更多的人进入当地生活、工作。外来人口的流入形成了规模效益，有利于提高资源利用率及科学技术水平。同时这也促进了当地经济水平发展，提高了经济产出。

每万元GDP能耗表现对区域生态效率负向作用，影响系数为–0.08，结论与罗能生[①]的研究基本一致。传统煤炭能源的使用，在一定程度上对经济增长有着积极的作用，但是以传统能源为主的经济增长模式却存在很多弊端，如在开采时会破坏当地的自然资源，在使用过程中会产生大量的废气，对生态环境有着显著的负向影响。

个人生产总值没有通过 10% 显著性检验，说明生活水平的提高，对于区域生态效率的提高并不明显。

四、稳健性检验

为了保证面板门槛模型的合理性及准确性，本书通过进行普通面板模型回归，将两者估计结果进行比较（见表 3–7）。根据固定效应面板回归模型结果可知，除人均生产总值外，各变量均通过显著性检验，并且各变量系数基本与单门槛模型保持一致，验证了单门槛模型结果的稳健性。同时，也说明城镇化对区域生态效率的影响当中，使用单门槛模型进行计量分析能够更加真实地反映城镇化对于区域生态效率影响的变化。

① 罗能生，李佳佳，罗富政. 中国城镇化进程与区域生态效率关系的实证研究 [J]. 中国人口·资源与环境，2013，23（11）：53–60.

表 3-7　两种模型估计结果对比

变量	固定效应回归模型			单门槛模型		
	系数	标准误	T 统计量	系数	标准误	T 统计量
UL_{it}	3.316***	0.441	7.52	–	–	–
$UL_{it}I$（$UL_{it} \leqslant 0.716$）				2.672***	0.438	6.1
$UL_{it}I$（$UL_{it} > 0.716$）				3.219***	0.427	7.53
TI_{it}	0.91***	0.235	3.87	1.01***	0.224	4.5
$LnUE_{it}$	0.091***	0.031	2.98	0.122***	0.039	3.16
$LnPG_{it}$	0.158**	0.048	3.27	0.131	0.047	2.75
$LnEC_{it}$	−0.041***	0.021	−1.98	−0.081***	0.069	−1.16

注：*、**、*** 分别表示 10%、5%、1% 的显著性水平。

五、小结

本节通过理论假设，假设门槛值的存在以及跨过门槛值后的变化。借助门槛效应模型，在以往研究的基础上，选取了人口（城镇就业人数）、富裕程度（个人生产总值）、技术水平（每万元 GDP 能耗）、产业结构（第三产业占比）作为控制指标。根据面板门槛模型实证结果，证明在城镇化工作的不断推进过程中，对区域生态效率的影响存在门槛值，门槛值为 0.716%。在门槛值之后，这种影响是逐步加深的。门槛值的出现，一方面说明城镇化发展过程当中要素投入对区域生态效率的影响并不是一成不变的，当达到一定的程度时，会改变对区域生态效率的影响；另一方面也说明，城镇化发展进入了一个新的阶段，在这个阶段当中，更加注重生态、经济协调发展。因此，政府应当扮演好在城镇化过程中的主导者角色，及时追踪本地区的城镇化进展。首先应当根据城镇化发展阶段的差异性，提出不同的分阶段提升以及管控手段。目前已经跨过门槛值的三个省会城市，城镇化对于区域生态效率的影响较大，在推进城镇化水平的同时，为人口城镇化提供良好的就业、生活环境，加强配套相关服务设施，通过规划合理布局生活、生产空间，减少资源浪费及环境污染，同时也要通过相关改革促进教育、医疗水平提高，保障城镇居民的幸福生活。对于城镇化水平没有跨过门槛值的区域，应当以推动人口城镇化为主，加快户籍改革等制度的制定及实施，通过各方面努力共同促进城镇化水平的不断提高，实现城乡一体化。其次，由各地区的城镇化水平数据可以看出，毗邻省会城市的小型城市在城镇化发展过程当中更加具备优势，城镇化水平普遍高于其他地区。说明长江中游城市群核心城市具备较强的辐射带动功能，通过各要素间的流动能够带动周边地区发展。长江中游城市群在战略方针制定的过程当中，要注意各地区之间的均衡发展，打破核心城市与边缘城市的阻碍，避免城镇发展两极化出现。最后推进产业结构优化调整，通过制定相关污染行业污染物排放标准，推行污染企业环保考核制度，清退一批污染物排放量大、利用效能低的资源消耗型企业。

第六节　城镇化对区域生态效率的空间溢出效应

一、理论分析

城镇化对于区域生态效率有较为明显的推动作用，考虑到城镇化过程中，人口的不断流动不仅仅会对本地区产生影响，同时会加速资源、技术等要素在不同地区之间的流动，同样会对周边地区的区域生态效率产生影响。陈真玲[①]认为城镇化会对周边区域生态效率的影响产生间接效应，这种溢出效应通过产业结构优化及技术水平提高来实现。同时，城镇化作为经济增长的主要动力，城镇的产业结构、富裕程度、技术水平都与区域生态效率息息相关。李存贵[②]认为城镇化对环境污染的影响具有显著的空间外溢效应。以往的研究[③]证明了废水、废气以及其他污染物存在着较强的空间溢出效应。本书从城镇化与区域生态效率两者关系出发，认为两者存在空间溢出效应，其理由如下：

人口具有较强的流动性。在城镇化不断推进的情况下，一部分农业人口选择在本地区寻找工作，逐步在城镇定居生活，这部分人口的转移会消耗一定的资源，同时有利于带动当地经济发展，也对本地的区域生态效率产生了影响。另外一部分本地人口流入其他周边地区，对周边地区的经济、生态等方面同样也产生了影响。人口的聚集及向周边地区转移形成了扩散效应。

地方政府的相互模仿行为。在政策制定方面，地方政府在发展过程当中，由于地区空间上的毗邻，两个临近地区之间在政策制定上具备相似性，政府无论是在城镇化发展还是环境保护政策制定的过程当中，都会参考周边地区的相关政策方针。地方政府相互模仿行为的产生，导致本地区的环境政策制定会影响周边地区环境政策制定，从而在相同的政策背景下，导致两相邻地区的区域生态效率变化会有一致性，存在着空间上的相关性。在技术水平方面，当一个地区的技术水平得到提高并改善了生态环境，周

---

① 陈真玲 . 生态效率，城镇化与空间溢出：基于空间面板杜宾模型的研究 [J]. 管理评论，2016，28（11）：66-74.

② 李存贵. 中国城镇化对环境污染的空间溢出与门槛效应研究[J]. 生态经济，2021，37(3)：197-206.

③ RUPASINGHA A, GOETZ S J, DEBERTIN D L, et al. The environmental Kuznets curve for US counties: A spatial econometric analysis with extensions[J]. Papers in regional Science, 2004，83（2）：407-424.

边地区会引进该项技术，从而对周边地区的区域生态效率带来一定的帮助。在污染企业管制方面，当一个地区的政府通过提高环保标准，清退部分相关污染企业，这一部分企业会向周边地区转移，从而造成对周边地区的环境污染，导致周边地区区域生态效率的下降。

污染物排放的空间扩散性。环境污染对区域生态效率有着深远的影响。环境污染主要有废水、废气、固体废物等类型。污染的产生不仅仅会对当地的区域生态效率产生负面影响，同时能够通过媒介向周边地区辐射扩散，对周边地区的环境同样也会造成影响。污染排放的跨区域性还会导致城市陷入“公地悲剧”，影响整个区域的生态效率水平。

由此可以看出，城镇化及相关因素对于区域生态效率的空间溢出效应确实存在。本书借助空间计量模型，检验城镇化及其他影响因素对区域生态效率的空间效应，得出直接、间接效应影响系数。

二、模型构建

各地区之间在经济、社会、文化等方面都存在着联系，且人口要素、资源要素、技术要素都是保持相对流动的，两地区距离越近，要素之间的流动越频繁。普通面板模型由于存在无法研究空间效应等问题，需通过空间计量模型，验证在空间临近关系下人口城镇化对区域生态效率影响的空间溢出效应，因此，本书选用空间面板计量模型，以便更加准确地检验城镇化及相关控制变量与区域生态效率相互影响的关系。

在空间计量当中，用于研究空间面板数据的模型有以下三种：空间滞后模型（SAR）、空间误差模型（SEM）和空间杜宾模型（SDM）。这三种模型分别适用于研究不同的空间问题。我们在进行模型假设时，应当优先假设空间杜宾模型，空间杜宾模型包含了解释变量的空间滞后项，同时也包含了被解释变量区域生态效率的空间滞后项，能够尽可能地考虑各变量带来的空间影响。城镇化与区域生态效率的空间面板杜宾模型如下：

$$EE_{it} = c + \rho\sum_{j=1}^{37} W_{ij}EE_{it} + \beta X_{it} + \sum_{j=1}^{37}\gamma W_{ij}X_{it} + \mu_i + \lambda_i + \varepsilon_{it}$$

式中：EE 为被解释变量，代表区域生态效率；X_{it} 表示一组解释变量，包括核心解释变量城镇化水平（UR）和控制变量第三产业占比（TI）、城镇就业人数（UE）、每万元 GDP 能耗（EC），个人生产总值（PG)；W_{ij} 表示 37×37 阶的空间权重矩阵，本书采用能够反映两地区邻近关系的邻接矩阵；ρ 为被解释变量空间自回归系数；γ 为解释变量空间滞后系数，表示本地区城镇化及各控制变量对周边地区区域生态效率影响；β 为解释变量的回归系数，表示本地区城镇化及各控制变量对本地区区域生态效率的影响；c 为常数项；i 为地区，t 为时间；μ_i 和 λ_i 分别为空间效应和时间效应；ε_i 为随机扰动项[①]。

三、结果分析

1. 空间自相关检验

在建立空间面板模型之前，需要进行区域生态效率的空间相关性检验。空间自相关揭示了区域之间的集聚现象[②]，采用全局莫兰指数来测算长江中游城市群区域生态效率的空间相关性。在权重矩阵选择方面，本书选择邻接关系矩阵，能够反映变量在空间上的临近关系。

通过 Stata 13.0 软件测算 2004—2018 年区域生态效率全局莫兰指数，结果如表 3-8 所示。

---

① 王龙杰，曾国军，毕斗斗．信息化对旅游产业发展的空间溢出效应 [J]. 地理学报，2019，74（2）：366-378.

② 蔡冰冰，赵威，李政旸，等．长江经济带外向型经济空间溢出效应 [J]. 资源科学，2019，41（10）：1871-1885.

表 3-8　各年份区域生态效率全局莫兰指数

年份	I	z	p-value*
2004	0.446	3.750	0.000
2005	0.401	3.402	0.001
2006	0.276	2.439	0.015
2007	0.215	1.984	0.047
2008	0.240	2.171	0.030
2009	0.281	2.535	0.011
2010	0.134	1.346	0.178
2011	0.165	1.590	0.098
2012	0.372	3.291	0.001
2013	0.541	4.646	0.000
2014	0.236	2.213	0.020
2015	0.224	2.125	0.010
2016	0.122	1.231	0.230
2017	0.144	1.366	0.090
2018	0.178	1.599	0.080

从时间变化来看，2004—2018 年全局莫兰指数正相关性处于一个下降的水平，说明各地区的区域生态效率差异在逐渐增大，中心城市对于周边地区的辐射能力减少，各要素之间流动减缓。

由表 3-8 可知，10 个年份全局莫兰指数在 5% 的置信水平上通过检验，3 个年份全局莫兰指数在 10% 的置信水平上通过检验，2 个年份未通过检验，且各莫兰指数均为正值。由于大部分年份较为显著，认为长江中游城市群 37 个地区区域生态效率在空间上存在相关性。因此，有必要对其空间影响进行深入探究。

2. 模型形式检验

当我们在进行模型选择的同时，需要判断空间滞后项以及空间误差项是否会对被解释变量产生影响，如果影响存在，则可以使用空间杜宾模型进行下一步检验。本书运用 Stata 软件进行 LM 检验、LR 检验、Hausman 检验、LR 双固定检验，通过以上检验，最终确定具体的空间计量模型。

（1）LM 检验、LR 检验

通过 LM 检验验证变量间是否存在空间相关性，同时验证空间误差模型、空间滞后模型的稳健性。这一判定主要是通过 LM 检验来确定的，LM 检验的原假设为不存在空间误差效应以及空间滞后效应，即无空间相关性（见表 3–9）。

表 3–9 LM 检验结果

检验方法	T 统计量	*P* 值
LM −spatial error	48.31	0.000
Robust LM−spatial error	8.951	0.003
LM−spatia lag	51.726	0.000
Robust LM−spatial lag	12.367	0.000

由表 3–9 可知，拉格朗日乘数（LM）及稳健的拉格朗日乘数（Robust LM）均在 5% 以内的显著性水平下通过检验。因此，拒绝原假设，变量存在强烈的空间误差效应以及空间滞后效应。

但通过 LM 检验无法判别出拟合度更高的模型，因此，采用 LR 检验进行进一步的判断。由表 3–10 可知，在空间杜宾模型可以简化为空间滞后模型、空间误差模型的两个假设下，LR 检验结果均拒绝原假设，此结果表明研究采用空间杜宾模型的运行结果更为精确。

表 3–10　LR 检验结果

LR 检验	检验结果
Likelihood–radio test	LRchi2（5）=11.31
（Assumption：sar nested in sdm）	Prob>chi2=0.0455
Likelihood–radio test	LRchi2（5）=11.21
（Assumption：sem nested in sdm）	Prob>chi2=0.0474

（2）Hausman 检验

对固定效应和随机效应下的空间杜宾模型实证结果进行选择，采用 Hausman 检验进行分析，Hausman 检验用来确定模型要选定随机效应还是固定效应。因此，在空间邻近权重矩阵下，针对使用的模型开展 Hausman 检验工作，Hausman 的原假设为随机效应。通过检验，Hausman 检验在 1% 的显著性水平下拒绝原假设。因此，论文模型最终明确为固定效应的空间杜宾模型。

（3）LR 双固定检验

由于固定效应又可细分为三种，即空间固定效应、时间固定效应和时间—空间双固定效应。从 LR 双固定检验来看，应当选择时间—空间双固定模型（见表 3–11）。

表 3–11 LR 双固定检验

LR 双固定检验	检验结果
Likelihood–radio test	LRchi2（18）=69.51
（Assumption：ind nested in both）	Prob>chi2=0.0001
Likelihood–radio test	LRchi2（18）=295.26
（Assumption：time nested in both）	Prob>chi2=0.0001

运用空间杜宾模型、邻接权重、时间—空间双固定模型进行系数估计，通过 Stata 软件分析，估计结果见表 3–12。

表 3–12　SDM 双固定模型估计结果

变量	时间—空间双固定
UL_{it}	1.841^{***}
TI_{it}	0.596^{**}
$LnUE_{it}$	0.085^{**}
$LnPG_{it}$	0.09^{**}
$LnEC_{it}$	-0.037^{***}

注：***、** 分别表示在 1%、5%显著性水平下显著性。

从整体上看，控制变量第三产业占比（TI）、城镇就业人数（UE）、个人生产总值（PG）、每万元 GDP 能耗（EC）均通过显著性检验。这说明区域生态效率受以上变量的显著性影响，模型具有一定的解释力。核心变量城镇化与区域生态效率之间存在着明显的正向相关性，且城镇化所带来的影响，远高于其他变量。说明地区的区域生态效率不仅仅受到来自本地区经济、社会、生活各方面的影响，还会受周边地区城镇化所带来的溢出效应影响。

（4）空间溢出效应

本书为研究各控制变量的空间溢出效应，将城镇化及各控制变量对于区域生态效率的影响系数分解为直接效应、间接效应及总效应[①]，其结果见表 3–13。

---

① PACE R K, LESAGE J P, ZHU S. Spatial Dependence in Regressors and its Effect on Estimator Performance[C].IV Conference of the Spatial Ecometrics Association（SEA），2010.

表 3-13 空间溢出效应估计结果

变量	直接效应	间接效应	总效应
UL_{it}	1.897***	−0.456**	1.441**
TI_{it}	0.586**	0.044	0.63*
$LnUE_{it}$	0.087***	0.092	0.178***
$LnPG_{it}$	0.202**	0.089	0.292**
$LnEC_{it}$	−0.406***	−0.041**	−0.447***

注：***、**、* 分别表示在 1%、5%、10% 显著性水平下显著性。

城镇化对区域生态效率的空间效应影响。从总效应来看，城镇化对本地区产生正向影响，同时也会对周边地区产生负面影响，城镇化对于区域生态效率总体呈现正向影响。

直接效应为城镇化对本地区域生态效率的影响。城镇化对本地区区域生态效率的影响系数为 1.897，即城镇化水平每提高 1 个单位，区域生态效率提高 1.44 个单位，并且通过了 1% 水平的显著性检验。城镇化对区域生态效率的直接效应显著为正。在城镇化发展过程当中，一方面，能够从投入端减少资源消耗以及环境污染。人口的集聚形成了规模效应，社会的人力成本会逐渐下降，政府以及企业能够有更多的精力投入污染治理方面，通过新增环境治理设备或者污染集中治理等方式，降低环境污染。同时，人口集聚会带来管理以及技术水平的提高，能够提高土地、水、能源资源的有效利用率。另一方面，能够从产出端增加经济效益产出。经济的增长依赖人口的增长，人口集聚给经济增长带来的边际效益是非常可观的。特别是在近几十年，政府通过人才吸引政策引进了大批高新行业的人才，推动了经济的快速增长。综合这两方面，城镇化水平提高对区域生态效率的影响表现为显著的促进作用。

间接效应为城镇化及控制变量对周边地区的区域生态效率影响，即空间溢出效应。城镇化对周边地区的区域生态效率的影响系数为 −0.456，本地区城镇化水平每提高 1 个单位，使得周边地区下降 0.456 个单位，并且通过了 5% 水平的显著性检验。城镇化对区域生态效率的间接效应显著为负。城镇大量人口的涌入加剧了资源消耗，同时产生了大气、水和固体废弃物污染。污染的产生对周边地区生态环境产生影响，加剧了周边地区生态破坏，政府作为环境影响的主导者，在环境问题治理过程当中缺乏统筹考虑，往往忽略了环境污染能够跨区域传播，导致即使本地区投入了大量的人力、物力，仍然没有取得理想的效果。久而久之，政府的环境治理投入与回报往往不成正比，政府会更加倾向于将资金投入城镇其他领域建设当中，通过与周边地区共同承担环境污染成本来解决污染问题。在这种情况下，给周边地区生态破坏的治理工作加大了难度。

在总效应中，城镇化对于区域生态效率的影响总的表现为正向积极，城镇化水平每提高 1 个单位，区域生态效率提高 1.441 个单位。

控制变量对区域生态效率的影响。各控制变量的总效应均通过 10% 以下的显著性检验，说明控制变量对区域生态效率的影响无论是来自本地区还是周边地区，都较为明显。

第一，第三产业占比主要表现为直接影响，直接效应影响系数为 0.586，间接效应影响系数为 0.044，没有通过显著性检验。第三产业占比提高对生态效率的提高有着积极的作用。随着第三产业的不断提高，其他产业占比不断缩小，污染排放物有所降低，带动了区域生态效率的提升。

第二，城镇就业人数对区域生态效率的直接效应影响系数为 0.087，间接效应没有通过显著性检验。城镇就业人数更多反映了对城市交通出行、经济增长、公共服务设施的有效利用方面的影响，随着城镇就业人数的不断增加，公共服务利用更加高效，同时伴随着经济水平的提高，对区域生态效率也有着一定的促进作用。

第三，个人生产总值的直接效应影响系数为 0.202，间接效应影响系数为 0.089，但没有通过显著性检验，未形成显著的空间溢出效应。个人生产总值主要代表经济发展状况，随着经济的增长，人们认识到自然资源的重要性，会主动参与并且监督生态保护政策的制定及实施，使得环境质量有所改善。

第四，单位 GDP 能耗的直接影响系数 –0.406 及间接影响系数 –0.041 均通过显著性检验，影响效果均为负，技术水平存在明显的空间溢出效应。结果与陈真玲结论基本一致[①]。我国的能源结构目前仍以传统能源为主，单位 GDP 能耗越高，代表传统能源消耗越多，导致环境污染越严重。随着能源技术水平的提高及新能源的不断推广，传统能源使用的减少以及能源利用率的提高不仅仅提高了本地区的区域生态效率，同时减少了对周边地区的污染排放，促进了周边地区的区域生态效率。

四、小结

城镇化对区域生态效率的影响是非线性的影响，存在门槛效应，说明各要素之间是存在相互流动的。在此基础上，先从人口的流动性、政府的相互模仿性、污染的扩散性三方面出发，理论分析空间效应确实存在；接着借助空间计量工具，合理选择模型形式。

结果证明了城镇化、技术水平存在间接效应，两者会对周边地区的区域生态效率产生影响。其中城镇化间接效应影响达 –0.456，会对周边地区产生负向影响。

主要因为在城镇化进程中，当地政府限制污染企业，当地污染企业会向周边地区转移，同时，污染排放的扩散性导致对周边地区区域生态效率产生负向影响。单位 GDP 能耗间接效应影响达 –0.041，会对周边地区产

---

① 陈真玲．生态效率、城镇化与空间溢出：基于空间面板杜宾模型的研究 [J]. 管理评论，2016，28（11）：66–74.

生负向影响。单位 GDP 能耗反映的是地区节能技术水平，地区节能技术水平越高，单位 GDP 能耗就越低，也就越有利于促进生态效率的提高。

因此认为，节能技术水平的提高，促进了临近地区的区域生态效率的提高，说明本地区的节能技术水平的提高会产生示范带动作用，通过科学技术溢出间接提高了周边地区的区域生态效率。

第七节　主要结论和建议

一、主要结论

本书从城镇化及区域生态效率两者之间的非线性影响关系出发，依据城镇化发展的阶段性特征，通过空间计量等方法，深入探讨了城镇化对区域生态效率的作用机制，补充了有关城镇化对区域生态效率的空间效应的研究。通过城镇化对区域生态效率的影响分析，得出以下结论：

第一，2004—2018 年，长江中游城市群城镇化水平及区域生态效率呈同向上升趋势，两者之间同向上升速度区域间存在差异。通过对长江中游城市群的城镇化水平及区域生态效率测算发现，城镇化水平呈稳步上升趋势，但地区间差异逐渐增大，如新余市、衡阳市、孝感市等。区域生态效率在 2010 年前保持稳定，2010 年以后上升较为明显，在空间演变上不断向中部地区集中。

第二，城镇化对区域生态效率的影响呈现阶段性特征。通过选取合适的控制变量，得出了长江中游城市群城镇化门槛值为 71.6%，目前只有三个省会城市南昌市、武汉市、长沙市跨过门槛值。在跨过门槛值后，城镇化发展由快速发展阶段转向为新的发展阶段，城镇化对区域生态效率的提高表现出更为积极的正向促进作用。

第三，其他控制变量与区域生态效率存在明显的相关关系。通过空间计量模型发现，第三产业结构、就业人数、个人生产总值对区域生态效率存在正向相关关系。其中第三产业结构对区域生态效率影响较大，单位GDP能耗与区域生态效率存在负向相关关系。说明技术水平的提高也是促进区域生态效率提高的关键点。

第四，城镇化、技术水平对区域生态效率的影响具有显著的空间外溢效应。间接效应中，城镇化对周边地区呈现为负的空间溢出效应，间接影响系数为 −0.456；技术水平对周边地区呈现为正的空间溢出效应，间接影响系数为 0.041。

二、对策建议

1. 深入推动新型城镇化高质量发展

首先，转变发展观念，不盲目追求贪大求洋、浪费资源的外延发展模式，严格控制城镇扩张速度及城镇开发强度。在达到门槛值后，长江中游城市群地区政府部门应当以规划调整为强力抓手，限制污染工业企业用地需求，强化工业园区绩效考核，提高用地地均产出，减少源头污染排放。其次，企业生产应当秉承节约集约目标，并将其贯彻在各个行业及各个生产环节，加强企业管理水平，合理珍惜利用各种资源，通过资源利用率的提高减少环境成本。再次，社会应当加强环保宣传工作，帮助居民提高环保意识，提倡绿色生活方式。最后，应当发挥国土空间规划的引导作用，合理确定国土空间开发及保护格局，统筹城乡一体化发展[①]，严格保护生态极重要区域。

2. 根据城镇化水平制定产业结构调整策略

由于地区间发展水平存在差异，导致地区污染物排放及环境破坏程度

---

① 姚士谋，张平宇，余成，等. 中国新型城镇化理论与实践问题 [J]. 地理科学，2014，34（6）：641-647.

有明显区别。因此，要根据城镇化水平以及产业结构类型综合判断，划分不同的产业结构调整类型。针对长江中游城市群城镇化水平相对较高地区，应该加快淘汰污染物排放量大、产能效益低的工业企业，通过引入新的资本，着力发展新兴产业、高新技术产业等环境友好型产业。对于污染物排放量较大企业，收取环境治理费用；对于污染物排放量小、产能效益高的企业进行财政补助。通过技术改革及改善管理，促进企业减少污染排放量，提升环境质量。

3. 建立区域环境共同治理平台

研究发现，城镇化具有较强的负向空间溢出效应。城镇化所带来的环境污染会转移到周边地区。单个地区的环境治理及生态修复带来的作用是有限的。因此，要求长江中游城市群在行政区划的基础上，应当科学合理划分生态保护及修复区域，明确不同区域内的修复重点及重大项目。通过各地区共同成立环境监督及治理工作小组，按时序开展重大生态修复实施工程，合作治理城镇化过程中产生的污染问题。通过建立生态补偿机制，对于污染较为严重地区采取治理专项资金投入。通过区域共同管理及治理，实现跨区域联防联控，共同提升整体区域生态效率。

4. 积极加大节能减排技术投入

研究发现，以万元 GDP 能耗为代表的地方技术水平对于区域生态效率的提高有着积极的作用。本地区的创新效率不仅仅会促进当地的技术水平，还会影响周边具备相似空间特征的地区[①]。因此，一方面要促进新旧能源转换，提倡使用清洁能源，通过政策鼓励企业进行改革升级；另一方面，政府本身应当营造良好的科技创新氛围，加快污染企业新技术研发，并将研发成果运用到生产当中。同时，加强与周边地区的技术交流，通过引进新型环保技术减少污染排放。

---

① 常益飞. 新型城镇化发展道路研究：以甘肃为例 [D]. 兰州：兰州大学，2010.

5. 加强各要素之间的自由流动

无论是城镇化还是区域生态效率，本质上为各要素之间的自由流动及交换，城镇化体现在人口资源不断地转移，区域生态效率体现在资源要素转换为经济要素的比例。由于地理因素及地区间差异性的影响，阻碍了各要素的流动，影响了转移及转换效率。因此，打通地区间的“堵点”，对于城镇化发展及区域生态效率提高有着重要的意义。长江中游城市群作为城镇化及生态文明建设重要区域，应当建立统一市场交易体系，保障要素流通渠道的畅通，优化资源配置，制定企业淘汰规则，实行优胜劣汰；成立科学技术共享平台，通过技术共享降低技术创新成本，提高各要素利用率，减少生产的负外部性；城市内部要加快城乡之间要素流动，发挥好中心城区辐射带动作用，完善周边地区基础服务配套设施。

第四章　低碳试点政策对城市生态效率的影响及机制分析

第一节　理论分析与假设

国家发展和改革委员会分别于2010年、2012年末、2017年下发了三批《关于开展低碳城市试点工作的通知》（以下简称《通知》），《通知》中不仅公布了试点城市的名单，还提出了试点工作的具体任务（见表4-1）。其中三批《通知》都提到了要求各试点城市编制《低碳发展规划》，通过梳理三批《通知》中的工作任务及各试点城市的《低碳发展规划》和《低碳城市工作方案》，发现低碳试点政策的总体目标是降低碳排放、改善生态环境，各试点城市都在探索适合自身的低碳绿色发展模式。第一批低碳试点城市建设距今已有十余年，第三批《通知》中也要求各试点城市在2017—2019年要取得阶段性成果，在2020年逐步推广成功经验，三批试点城市几乎覆盖了全国所有省（市、自治区）。本书试图探究各试点城市是否探索出了有效的绿色低碳发展模式，即探究低碳试点政策对我国城市生态效率是否有提升作用，如果有提升作用则分析其可能的作用机制。

表 4–1 低碳试点政策概况

试点批次	实施时间	试点省	试点城市	试点县级市及区	时间安排	工作任务
第一批	2010.07.09	广东等 5 省	天津市等 8 市	/	2010 年 8 月底前报送工作实施方案	编制低碳发展规划；制定低碳发展配套政策；建立低碳产业体系；建立温室气体排放数据统计和管理体系；倡导低碳生活和消费
第二批	2012.11.26	海南省	北京市等 27 市	大兴安岭地区	2012 年 12 月底前完善工作初步实施方案	编制低碳发展规划；建立低碳产业体系；建立温室气体排放数据统计和管理体系；建立温室气体排放目标责任制；倡导低碳生活和消费
第三批	2017.01.07	/	乌海市等 36 市	逊克县等 9 县（区）	2017 年 2 月底前启动试点；2017—2019 年取得阶段性成果；2020 年逐步推广成功经验	编制低碳发展规划；建立控制温室气体排放目标考核制度；探索创新经验和做法；提高低碳发展管理能力

一、低碳试点政策与城市生态效率

在影响生态效率的众多因素中，环境规制是一项不容忽视的关键因素，结合波特假说理论，严格且合理的环境规制政策会促进技术创新进步，生产出污染更少或者资源更高效的产品，促进企业经济快速发展从而抵消环境保护成本，产生额外收益。杜龙政等验证了环境规制促进绿色竞争力的波特假说[①]。史贝贝等验证了实施合理且严格的环境规制政策可以达到环

① 杜龙政，赵云辉，陶克涛，等 . 环境规制、治理转型对绿色竞争力提升的复合效应：基于中国工业的经验证据 [J]. 经济研究，2019, 54（10）: 106-120.

境保护和经济增长“双赢”的目的[①]。低碳城市试点政策作为一种中央与地方互动的环境规制政策，是为了探寻不同地区控制温室气体排放、实现绿色低碳发展的一项重要举措。如果试点城市合理且严格地执行了该政策，那么试点城市可能会达到保护环境和促进经济增长“双赢”的目的，促进生态效率的提高。基于此，提出本书的研究假设 H_1：

H_1：低碳试点政策可以促进城市生态效率水平提高。

二、低碳试点政策影响城市生态效率的机制分析

通过梳理国家发展和改革委员会下发的三批《通知》、各试点城市公布的《低碳发展规划》和《低碳城市工作方案》，以及结合第一章第三小节中学者对低碳试点政策内容的识别分析，发现各低碳试点城市的主要任务和内容中对保护生态环境、节约利用资源和促进经济增长有利的内容有：加快推进低碳产业发展、不断优化能源消费结构、持续创新研发低碳技术、倡导低碳生活消费方式、探索土地节约利用方式。因此，本书从产业结构升级、能源结构调整、技术创新进步、公众环保意识、土地利用方式等角度分析低碳城市试点政策提升生态效率的可能机制（见图 4–1）。

图 4–1　低碳城市试点政策对生态效率的机制分析

---

① 史贝贝，冯晨，张妍，等．环境规制红利的边际递增效应 [J]. 中国工业经济，2017（12）：40–58.

《通知》、《低碳发展规划》和《低碳城市工作方案》中提出要促进传统产业向低碳产业转变，培育壮大以节能环保为核心的新能源新兴产业，引进和培养低碳产业与领域的人才，形成一批特色鲜明的低碳产业集群和聚集区。低碳城市试点政策一方面可以通过发展新兴产业逐步淘汰污染大、能耗高和排放密集型的传统产业以节能降耗，从而减少资源消耗和环境污染；另一方面，人才和产业的集聚会降低污染治理成本，促进更多企业向低碳产业转型，有利于生态环境的改善。国内外已有专家学者证实了产业结构升级可以提高生态效率。蔡玉荣和汪慧玲认为产业结构升级对生态效率有促进作用，并提出可能的原因有：第一，产业结构升级使产业间比例和要素配置朝着更有利于节约资源和保护生态环境的方向发展；第二，产业结构升级优化提升了产业效率，有利于节约资源和保护环境从而提升生态效率[①]。Han 等人发现产业结构升级（包括产业合理化和高级化）可以促进经济增长、减少污染和降低能源消耗，从而显著提高生态效率[②]。基于以上分析提出假设 H_{2a}：

H_{2a}：低碳试点政策可能通过产业结构升级来提高生态效率。

《通知》、《低碳发展规划》和《低碳城市工作方案》提出要优化能源结构，提高能源利用效率，逐步降低煤炭占能源消费的比重，推动新能源和可再生能源发展，构筑安全、稳定、经济和清洁的能源供应体系。低碳试点城市政策是为了减少温室气体排放而实施的一项环境政策，政策要求各试点城市减少煤炭等化石能源占能源消费量的比重，推广可再生能源在建筑、交通等领域的运用，减少温室气体排放，减少环境污染。然而试点城市的能源结构调整因资金、技术等多方面的制约，可能还需要一定时

① 蔡玉蓉，汪慧玲．产业结构升级对区域生态效率影响的实证 [J]. 统计与决策，2020, 36（1）: 110−113.

② HAN Y, ZHANG F, HUANG L, et al. Does industrial upgrading promote eco−efficiency? −A panel space estimation based on Chinese evidence[J]. Energy Policy, 2021, 154: 112286.

间来调整能源结构、减少碳排放。学者通过研究发现，能源结构对生态效率有着显著影响。田泽等发现能源结构对黄河及长江流域生态效率有明显的抑制作用，降低煤炭占能源消费的比重可以显著提高生态效率[①]。马晓君等发现能源结构对生态效率的提高有抑制作用，因此要加快转变以煤炭为主的能源利用模式[②]。基于以上分析提出假设 H_{2b}：

H_{2b}：低碳城市试点政策可以通过调整能源消费结构来提高生态效率。

《通知》、《低碳发展规划》和《低碳城市工作方案》提出要推进生产方式和消费方式向低碳绿色发展，加大力度宣传低碳发展的方针、政策、法规和工作部署，通过竞赛、讲座等多种方式提高公众对气候变化和环境保护的关注度，倡导居民绿色出行，引导居民绿色消费，并逐步形成政府引导、企业主导、消费者倡导的绿色低碳消费模式。低碳城市试点政策一方面可以提高公众的关注度，引导公众选择绿色低碳的消费模式，减少资源消耗和环境污染；另一方面，公众的关注度提高可以反过来起到参与和监督作用，向政府和公司施加压力，让政府采取措施来改善生态环境，监督政府公开环境信息，通过监督企业在生产中的环境污染行为，使企业更加注重自身形象，减少对环境的污染。蒋乾和杨筠发现提高公民环保意识有助于生态效率的提高[③]。Chai 等发现激发公众环保意识可以提升生态效率[④]。基于以上分析提出假设 H_{2c}：

H_{2C}：低碳城市试点政策可以通过公众环保意识提升来提高生态效率。

---

① 田泽，潘晶晶，任芳容，等．大保护背景下中国三大流域生态效率评价与影响因素研究[J]. 软科学，2022, 36（1）: 91–97.

② 马晓君，李煜东，王常欣，等．约束条件下中国循环经济发展中的生态效率：基于优化的超效率 SBM–Malmquist–Tobit 模型 [J]. 中国环境科学，2018, 38（9）: 3584–3593.

③ 蒋乾，杨筠．环境政策、科技投入与区域生态效率：基于“本地 – 邻地”视角的分析 [J]. 城市问题，2020（9）: 51–59.

④ CHAI Z, GUO F, CAO J, et al. The road to eco-efficiency: can ecological civilization pilot zone be useful? New evidence from China[J]. Journal of Environmental Planning and Management, 2022,66（6）: 1–27.

《通知》、《低碳发展规划》和《低碳城市工作方案》提出要构建创新技术、搭建创新平台、提供资金支持、培养创新人才等多种服务引导企业和高校等加强创新科研成果的转化能力，提升创新能力，以推进城市创新技术，形成创新驱动低碳发展格局。低碳城市试点政策一方面可以通过环境约束“倒逼”试点城市进行技术创新，通过设计、建造和使用绿色建筑，研发绿色建筑材料和节能产品，可以减少能源的消耗，提高资源利用效率，减少污染排放，降低污染处理成本；另一方面，通过财政补贴等政策，引进新技术和设备，吸引和培养创新人才，大力支持低碳技术的发展与应用，鼓励研发生产或应用先进低碳技术，提升绿色低碳创新水平，为企业及地区的创新提供活力，对区域技术创新进步有益。国内外已有专家学者证实了技术创新进步可以提高生态效率。李在军等人认为科学技术创新可以推动本地及周围地区生态效率的提高[①]。汪艳涛和张娅娅发现技术进步对生态效率有显著的正向促进作用[②]。Yasmeen 等人发现技术创新对国家和地区生态效率都有促进作用[③]。基于以上分析提出假设 H_{2d}：

H_{2d}：低碳城市试点政策可能通过促进技术创新进步来提高生态效率。

土地利用变化引起的碳排放量不容忽视，减少土地利用变化引起的碳排放是我国实现“碳减排”目标的关键因素[④]。《通知》、《低碳发展规划》和《低碳城市工作方案》提出要将低碳理念融入土地利用规划中，探索土地节约利用方式，制定绿色低碳发展的土地使用政策，倡导多功能的土地

---

① 李在军，胡美娟，周年兴．中国地级市工业生态效率空间格局及影响因素 [J]. 经济地理，2018, 38（12）: 126-134.

② 汪艳涛，张娅娅．生态效率区域差异及其与产业结构升级交互空间溢出效应 [J]. 地理科学，2020, 40（8）: 1276-1284.

③ YASMEEN H, TAN Q, ZAMEER H, et al. Exploring the impact of technological innovation, environmental regulations and urbanization on ecological efficiency of China in the context of COP21[J]. Journal of Environmental Management, 2020, 274: 111210.

④ 王伟光，郑国光．气候变化绿皮书：应对气候变化报告（2013）：聚焦低碳城镇化 [M]. 社会科学文献出版社，2013.

混合利用模式和紧凑的空间布局形态。一方面，低碳城市试点政策为了达到“减碳”目标，会控制或减少高能耗产业或密集型产业的土地转让，在一定程度上控制城市无序、粗放扩张趋势，提高土地利用效率；另一方面，城市空间的扩大会导致人们通勤时间、距离增加，增加交通碳排放量，低碳城市试点政策要求探索多功能的土地混合使用模式，提升城市密集度、建设相对紧凑组团的城市，尽量拉近人们生活和就业之间的距离，引导人们绿色出行，减少碳排放。顾荣华和朱玉林发现，土地利用方式能够影响土地经济产出弹性和生态消耗规模，从而影响生态效率，如建设用地节约集约利用可以提高单位土地经济产出、增大人们对生态产品的需求，从而提高生态效率[①]。由此可以发现低碳城市试点政策可以通过优化土地利用方式来提高生态效率。基于以上分析提出假设 H_{2e}：

H_{2e}：低碳城市试点政策可以通过优化土地利用方式来提高生态效率。

第二节　研究内容和方法

一、研究内容

本书的研究内容主要分为以下几个方面：

1. 基于 Meta-US-SBM 模型的我国 280 个城市生态效率测算

基于国内外生态效率测算相关的文献，选取较为科学的评价模型——Meta-US-SBM 模型，从经济、资源、环境等角度构建适合评价我国生态效率的指标体系，并根据地级市所属区域的不同，将其分为不同的群组，用 Meta-US-SBM 模型测度 2006—2020 年中国 280 个地级市的城市生态

① 顾荣华，朱玉林．区域土地利用对国土空间生态优化的影响机理及实证研究：以江苏省为例 [J]. 经济地理，2021, 41（11）: 201-208.

效率。用核密度函数估计生态效率 2006—2020 年间主要年份的变化情况；采用标准差椭圆分析生态效率的空间分布格局及演变情况；通过 Moran's I 指数及热点分析探究生态效率的空间相关情况。

2. 研究低碳试点政策对城市生态效率的影响

以第一、二和三批试点城市为实验组，以试点城市的生态效率指数为被解释变量，构建多期双重差分（DID）模型，检验低碳试点政策对城市生态效率的影响，探究低碳试点政策的累积效应。通过“前后差异对比”和“有无差异对比”更加全面地衡量政策效果，并通过安慰剂检验、PSM-DID 检验和排除其他政策干扰等一系列检验以验证结果的稳健性。最后比较分析不同地理位置、不同行政级别和不同资源禀赋城市的政策实施效果是否不同，以及尽可能地分析造成效果不同的主要原因。

3. 分析低碳试点政策对城市生态效率的影响机制

为了探究低碳试点政策是如何影响生态效率的，可以从产业结构、能源结构、公众环保意识、技术创新和土地利用方式等角度对低碳试点政策影响城市生态效率的机制进行研究，并分组探究不同城市的机制效果。

二、研究方法

1. 空间计量方法

利用空间计量方法可以深刻地分析各要素之间的变化规律。本书分析了 2006—2020 年中国 280 个城市生态效率的时空演变情况：采用核密度函数估计城市生态效率的时间变化情况；采用标准差椭圆法分析城市生态效率的空间分布格局及演变情况；通过 Moran's I 指数及热点分析探究城市生态效率的空间相关情况。

2. 模型法

通过 Meta-US-SBM 模型测算 2006—2020 年 280 个城市的生态效率。

由于不同决策单元之间的制度背景、生产环境和管理能力等都不尽相同，技术异质性也有所不同，该模型根据技术异质性，将技术水平相同或相似的决策单元进行分组，然后每组分别形成生产技术组前沿边界，测算群组效率，之后在群组前沿边界的基础上构建共同生产前沿边界。该模型考虑了技术异质性，解决了跨期可比性、可传递性等问题。通过多期 DID 模型研究低碳试点政策对城市生态效率的影响。该模型考虑了不同试点城市接受政策冲击的时间不同，将三批低碳试点政策作为一项自然实验，将研究期内始终未受到政策影响的城市作为控制组，将其与不同时间点受到政策冲击的实验组进行比较，以此来考察低碳试点政策的实施对试点城市生态效率的影响效果。该模型可以更好地、更科学地评估低碳试点政策实施前后试点城市和非试点城市生态效率的影响。采用 PSM-DID 模型检验结果的稳健性，该模型可以在总的控制组中构造出一组与实验组有相同趋势的控制组样本，使实验组和控制组满足共同趋势，从而缓解样本选择偏误导致的内生性问题。通过中介模型探究低碳城市建设对城市生态效率的影响机制。

三、技术路线

基于“提出问题—分析问题—解决问题”的研究思路展开研究。首先，介绍研究背景，引出要研究的问题。其次，梳理国内外相关文献，明确低碳城市及生态效率等核心概念，找到合适的方法测度生态效率和评估试点政策，结合理论分析，构建生态效率指标，梳理低碳试点政策，提出可行的研究假设。最后，测度城市生态效率，检验低碳试点政策对城市生态效率的影响，分析低碳试点政策影响城市生态效率的机制。具体的技术路线如图 4-2 所示。

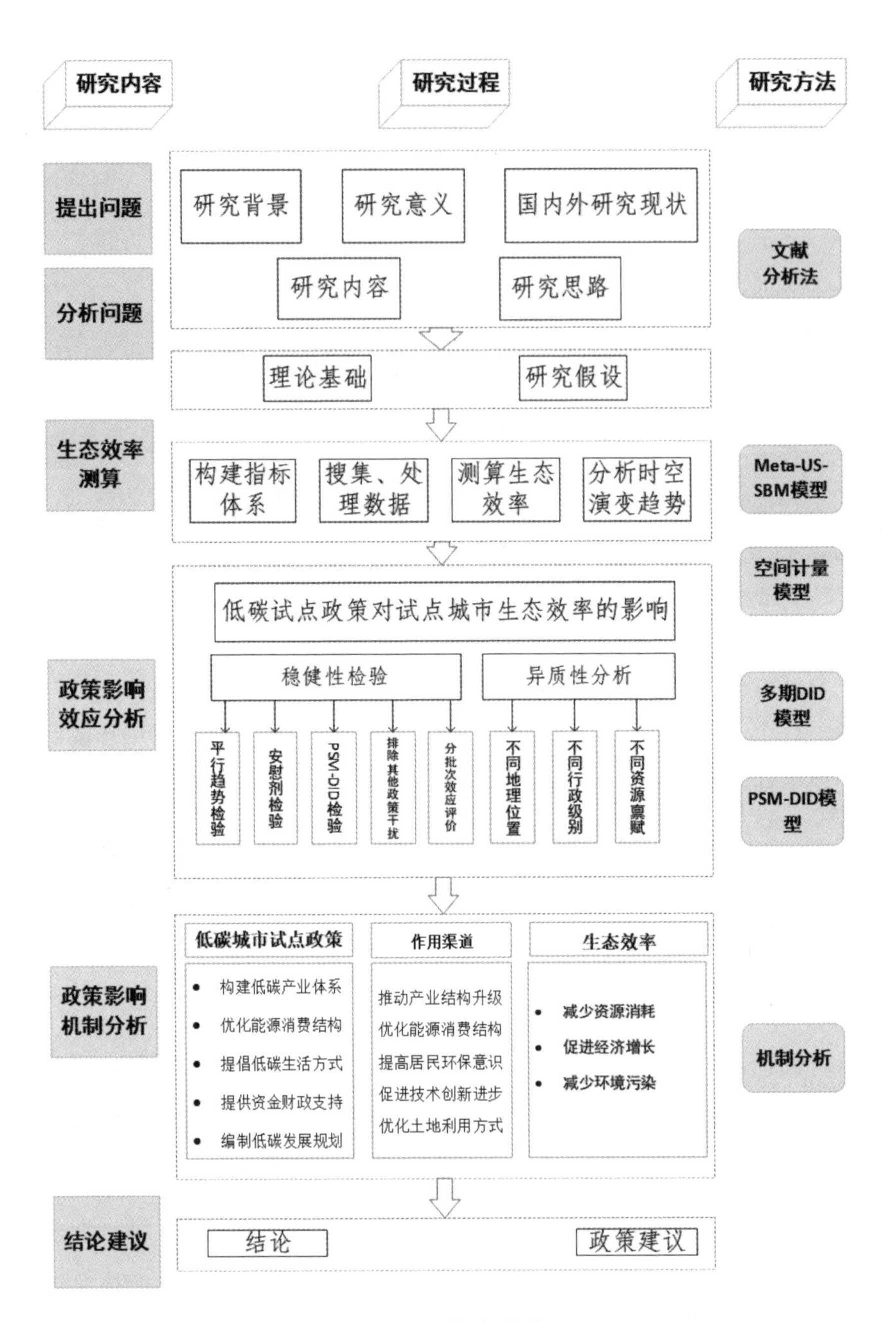
研究内容
研究过程
研究方法
提出问题
分析问题
研究背景
研究意义
国内外研究现状
研究内容
研究思路
文献分析法
理论基础
研究假设
生态效率测算
构建指标体系
搜集、处理数据
测算生态效率
分析时空演变趋势
Meta-US-SBM模型
空间计量模型
政策影响效应分析
低碳试点政策对试点城市生态效率的影响
稳健性检验
异质性分析
平行趋势检验
安慰剂检验
PSM-DID检验
排除其他政策干扰
分批次效应评价
不同地理位置
不同行政级别
不同资源禀赋
多期DID模型
PSM-DID模型
政策影响机制分析
低碳城市试点政策
构建低碳产业体系
优化能源消费结构
提倡低碳生活方式
提供资金财政支持
编制低碳发展规划
作用渠道
推动产业结构升级
优化能源消费结构
提高居民环保意识
促进技术创新进步
优化土地利用方式
生态效率
减少资源消耗
促进经济增长
减少环境污染
机制分析
结论建议
结论
政策建议

图 4–2　技术路线

第三节　生态效率测度与时空演变分析

一、生态效率的测度

1. 指标体系构建与数据来源

生态效率是一个包含资源、环境、经济等因素的复杂系统，为全面、科学、客观和合理地对生态效率进行测度，本书从投入产出的角度选取如表 4–2 所示指标。

表 4–2　生态效率指标体系表

指标类型	指标选取	指标说明
投入	资本投入	资本存量（亿元）
	能源投入	能源消费量（万吨标准煤）
	水资源投入	城市用水总量（万立方米）
	劳动投入	年末员工总数（万人）
	土地投入	建成区面积（平方公里）
期望产出	经济产出	地区生产总值（亿元）
	环境效益	建成区绿化覆盖面积（公顷）
	社会效益	地方财政预算收入（亿元）
非期望产出	环境污染综合指数（熵权法）	工业废水排放量（万吨）
		工业烟粉尘排放总量（吨）
		工业二氧化硫排放总量（吨）
		二氧化碳排放量（吨）

数据来源于《中国城市统计年鉴》《中国能源统计年鉴》《中国固定资产投资统计年鉴》和《中国城乡建设统计年鉴》，采用线性插值法对缺失数据进行补全，此外需要计算的指标有：

（1）资本投入

以 2006 年为基期，采用“永续盘存法”来估算资本存量。参考杨骞等人的做法，取 2018 年、2019 年的固定资产投资价格指数平均值为 2020 年固定资产投资价格指数[①]。公式如下：

$$K_{it}=K_{it-1}(1-\delta_{it})+I_{it}$$

式中：K_{it} 为 i 地区 t 年的资本存量；K_{it-1} 为 i 地区 $t-1$ 年的资本存量；I_{it} 为 i 地区 t 年的不变价固定资本投资额（用固定资产投资价格指数进行投资平减，各地级市的固定资产投资价格指数以所在省的固定资产投资价格指数为其当年价格指数）；δ_{it} 为经济折旧率，参考张军的做法取值为 9.6%[②]。

（2）能源投入

采用处理后的能源消费量指标代表能源投入，由于统计年鉴主要公布了全国、各省（自治区、直辖市）及主要城市的能源消费数据，而对于连续多年的各城市能源消费数据则有较多缺失。吴健生等认为夜间灯光与能源消费之间存在显著的线性关系，用夜间灯光数据研究能源消费总量精度较高[③]。参考刘海猛等的做法，通过提取到的所在城市的灯光数据的权重对省级层面的能源消费量进行分解，最终得到各地级市 2006—2020 年能源消费数据[④]。其中夜间灯光数据来源于全球变化科学研究数据出版系统中 Zhong 等人《中国长时间序列夜间灯光数据集（2000—2020）》中 2006—2020 年夜间灯光数据[⑤]。

---

① 杨骞，陈晓英，田震．新时代中国实施创新驱动发展战略的实践历程与重大成就 [J]. 数量经济技术经济研究，2022, 39（8）: 3-21.

② 张军，吴桂英，张吉鹏．中国省际物质资本存量估算：1952—2000[J]. 经济研究，2004（10）: 35-44.

③ 吴健生，牛妍，彭建，等．基于 DMSP/OLS 夜间灯光数据的 1995—2009 年中国地级市能源消费动态 [J]. 地理研究，2014, 33（4）: 625-634.

④ 刘海猛，方创琳，黄解军，等．京津冀城市群大气污染的时空特征与影响因素解析 [J]. 地理学报，2018, 73（1）: 177-191.

⑤ ZHONG X Y, YAN Q WU, LI G E. Development of Time Series Nighttime Light Dataset of China（2000-2020）[J]. Journal of Global Change Data & Discovery, 2022, 6（3）: 416-421.

（3）地区生产总值

以 2006 年为基期，利用平减指数进行平减，采用城市所在省的平减指数进行平减。

（4）环境污染综合指数

参考黄建欢的做法，采用熵权法构建环境污染指数①。参考 Cheng 等的做法，将二氧化碳排放量分为直接能源消耗（煤气、液化石油气等）产生的碳排放与间接能源消耗（如电能、热能等）产生的碳排放②。由于本书使用的是面板数据，为了使结果更合理，因此参考侯娇的做法，使用在熵权法中加入时间变量的方法来计算环境污染综合指数③。

计算步骤如下：

第一步，数据标准化处理。

$$y_{tij}=\frac{x_{tij}-\min(x_{tij})}{\max(x_{tij})-\min(x_{tij})}$$

第二步，计算指标权重。

$$p_{tij}=\frac{y_{tij}}{\sum_1^r\sum_{j=1}^n y_{tij}}+0.00001$$

第三步，计算信息熵。

$$E_j=-\frac{1}{lnrm}\sum_1^r\sum_{i=1}^n p_{tij}\ln p_{tij}$$

第四步，计算指标权重。

---

① 黄建欢，吕海龙，王良健．金融发展影响区域绿色发展的机理：基于生态效率和空间计量的研究 [J]. 地理研究，2014, 33（3）: 532−545.

② CHENG J, YI J, DAI S, et al. Can low-carbon city construction facilitate green growth? Evidence from China's pilot low-carbon city initiative[J]. Journal of Cleaner Production, 2019, 231: 1158-1170.

③ 侯娇．国土空间开发与绿色经济发展互动演化机理及协调优化研究 [D]. 武汉：华中师范大学，2022.

$$w_j = \frac{1 - E_j}{\sum_{j=1}^{n}(1 - E_j)}$$

第五步，计算环境污染综合指数。

$$z_{ti} = \sum_{j=1}^{m} w_j y_{tij}$$

其中: r 为年份，范围为 1~15; m 为城市个数，共 280 个; n 为指标数，共 4 个。参考郭文的做法，当 P_{ij} 为 0 时，为了使 $\ln P_{ij}$ 有意义，用一个尽可能小的数 0.001 来代表 P_{ij}，Z_i 的范围在 0~1，为了使环境污染指数能更直观地表示，将其转化为百分制形式，其变换公式为 $Z_i=Z_i \times 40+60$[①]。

表 4–3　各投入产出指标描述性统计表

指标	N	最小值	最大值	平均值	标准偏差
固定资产存量	4200	332.00	47815.71	6211.16	6495.85
能源消费量	4200	85.00	8863.00	1281.50	1245.62
城市用水总量	4200	205.00	358176.00	14374.14	24475.80
年末员工总数	4200	4.00	685.00	47.00	53.21
建成区面积	4200	7.00	1350.00	120.26	143.15
地区生产总值	4200	21.00	21287.00	1604.52	2045.43
建成区绿化覆盖面积	4200	26.00	61465.00	4842.32	6091.34
地方财政预算收入	4200	1.67	3857.39	153.81	257.65
环境污染综合指数	4200	60.15	91.06	64.44	3.82

① 郭文. 湖南省城市生态效率评价与影响因素分析 [D]. 南昌：江西师范大学，2021.

2. 测度方法

本书采用 Meta–US–SBM 模型来测量生态效率[①]，参考邓宗兵等[②]的做法，将各城市根据国务院发展研究中心提出的八大经济区划进行分组，然后测度 280 个城市的效率值，具体模型如下：

$$X=[x_1,x_2,\cdots,x_M]\in R_+^M,\ \ Y=[y_1,y_2,\cdots,y_R]\in R_+^R,\ B=[b_1,b_2,\cdots,b_J]\in R_+^J$$

$$\rho_{ko}^{Meta}=min\frac{1+\frac{1}{M}\sum_{m=1}^{M}\frac{s_{mko}^{x}}{x_{mko}}}{1-\frac{1}{R+J}\left(\sum_{r=1}^{R}\frac{s_{rko}^{y}}{y_{rko}}+\sum_{j=1}^{J}\frac{s_{jko}^{b}}{b_{jko}}\right)}$$

$$s.t.\ x_{mko}-\sum_{h=1}^{H}\sum_{n=1,\,n\neq0\,if\,h=k}^{N_h}\varepsilon_n^h x_{mhn}+s_{mko}^{x}\geqslant0$$

$$\sum_{h=1}^{H}\sum_{n=1,\,n\neq0\,if\,h=k}^{N_h}\varepsilon_n^h y_{rhn}-y_{rko}+s_{rko}^{y}\geqslant0$$

$$b_{jko}-\sum_{h=1}^{H}\sum_{n=1,\,n\neq0\,if\,h=k}^{N_h}\varepsilon_n^h xb_{jhn}+s_{jko}^{b}\geqslant0$$

$$1-\frac{1}{R+J}\left(\sum_{r=1}^{R}\frac{s_{rko}^{y}}{y_{rko}}+\sum_{j=1}^{J}\frac{s_{jko}^{b}}{b_{jko}}\right)\geqslant\varepsilon$$

$$\varepsilon_n^h,s^x\ ,s^y\ ,s^b\geqslant0$$

$$m=1,2,\cdots,\ M;\ r=1,2,\ldots,R;\ j=1,2,\cdots,\ J$$

其中：M、R、J 分别表示投入、期望产出和非期望产出个数；ε 为非阿基米德无穷小；S^x,S^y,S^b 为投入变量、期望产出和非期望产出的松弛变量。

3. 结果分析

借助 MaxDEA 软件，在规模报酬不变的情况下，测算 2006—2020 年

---

① 黄建欢，谢优男，余燕团 . 城市竞争、空间溢出与生态效率：高位压力和低位吸力的影响 [J]. 中国人口·资源与环境 , 2018, 28（3）: 1-12.

② 邓宗兵，李莉萍，王炬，等 . 技术异质性下中国工业生态效率地区差异及驱动因素 [J]. 资源科学 , 2022, 44（5）: 1009-1021.

280 个样本城市的生态效率，结果如表 4–4 所示。2006—2020 年期间，基于两种前沿的城市生态效率平均值均呈现上升趋势，其中基于共同前沿测算的城市生态效率平均值小于群组前沿城市生态效率值，可能是由于两者的技术参考基准不同，一个是以全国城市中潜在最优生产技术水平为参考基准，一个是以所在区域的城市潜在最优生产技术水平为参考基准。

表 4–4　2006—2020 年城市生态效率均值表

年份	共同前沿效率	群组前沿效率
2006	0.19	0.34
2007	0.22	0.40
2008	0.25	0.47
2009	0.26	0.49
2010	0.29	0.56
2011	0.32	0.61
2012	0.35	0.65
2013	0.37	0.67
2014	0.38	0.69
2015	0.40	0.70
2016	0.40	0.70
2017	0.42	0.71
2018	0.44	0.74
2019	0.46	0.77
2020	0.48	0.80

由图 4–3 可知，2006—2020 年间，基于共同前沿下测度的生态效率中，东部沿海、北部沿海和南部沿海地区城市的生态效率平均值高于其他地区。可能是由于东部沿海综合经济区的城市经济发展较好，会更注重绿色创新技术发展，在实际生产中对资源和能源的消耗较少，而产出的经济和社会效益较高，由此生态效率值较高；北部沿海地区的城市和南部沿海地区的城市有较强的高新技术研发和制造，可能较为注重创新发展，会促进生产部门和企业发展新技术，从而减少资源消耗和降低环境污染成本。西北地区和西南地区的城市生态效率值较低，可能是由于这些地区经济基础较差，自然资源相较而言不丰富，利用资源时较为粗放，追求经济增长的目标大于保护环境的目标。基于群组前沿下测度的生态效率，东部沿海、北部沿海和南部沿海地区的生态效率平均值高于其他地区，西北地区、长江中游地区生态效率平均值低于其他地区生态效率平均值。

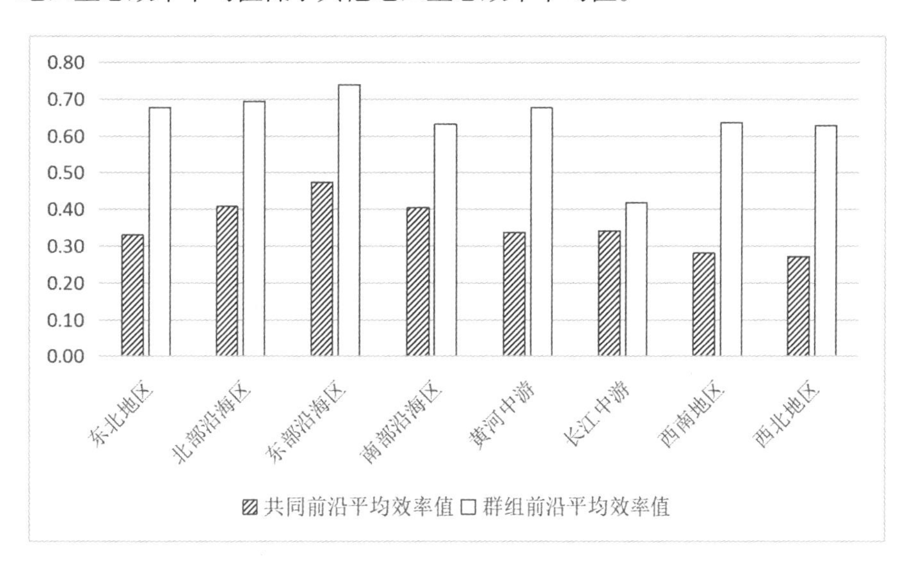

图 4–3　2006—2020 年各地区基于共同前沿和群组前沿的效率均值

由于不同群组下效率前沿面不同，不可直接进行比较，以下效率为共同前沿技术下测度的生态效率值。在 ArcGIS 中根据自然断点法，将生态效率分为 4 个等级。生态效率高值区主要分布在东部沿海地区的江苏省和浙江省大部分城市、南部沿海地区的广东省大部分城市、北部沿海地区的山东省大部分城市、长江中游地区的江西省和安徽省部分城市以及东北地区的黑龙江省和辽宁省少数城市，且生态效率水平高的城市数量在逐年增加。可能是由于这些地区的区位条件优越，经济发展较好，生产要素丰富，科学技术水平高，资源配置效率高，执行环保政策力度大，从而实现了经济、资源、环境的协调发展，加快了生态效率的提高。生态效率低值区主要分布在西北地区的甘肃、宁夏部分城市和西南地区的广西、贵州部分城市。

二、中国城市生态效率时间变化分析

运用核密度函数估计 2006—2020 年主要年份（2006 年、2010 年、2015 年和 2020 年）生态效率的演变特征，如图 4–4 所示。从曲线位置变化来看，2006 年、2010 年、2015 年、2020 年核密度曲线逐年向右偏移，意味着中国 280 个城市的生态效率值总体呈上升趋势；从形状来看，左侧曲线变化较明显，曲线向右侧逐年延伸，说明生态效率低的城市数量在不断减少，生态效率值高的城市在逐年增加；从峰值上来看，2020 年生态效率核密度曲线主峰峰值较 2006 年明显下降了，说明生态效率值较低的地区不断减少，区域差距在逐年缩小；从峰的数量上来看，核密度函数为多峰分布，说明生态效率出现明显的多极化分布趋势；右侧尾部隆起幅度增大，右尾逐年延长度增加较大，说明中等、高等生态效率水平的城市数量在逐年增加，但处于生态效率高的城市数量不多，还有待增加。

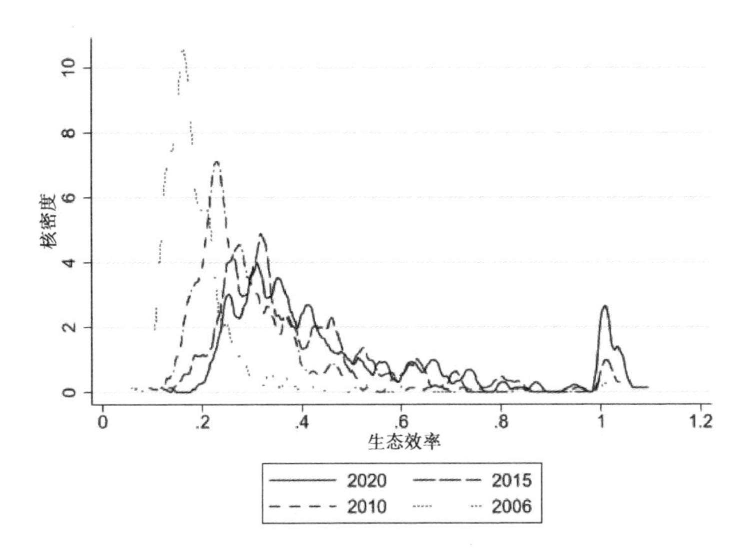

图 4–4 主要年份城市生态效率核密度曲线

三、中国城市生态效率空间演变分析

1. 生态效率空间分布格局分析

为了进一步分析生态效率的空间分布格局，本书通过 ArcGIS 空间统计工具进行分析，得出 2006—2020 年中国城市生态效率空间分布的标准差椭圆范围呈略微收缩趋势，标准差椭圆的长半轴大于短半轴，呈现出“东北—西南”的方向格局；标准差椭圆的重心从河南省周口和驻马店的边界地区偏移到了驻马店，2006—2015 年间向西南方向移动，2015—2020 年间向东北方向移动。东北部和西北部大部分城市长期不在标准差椭圆范围内，可能是由于生态效率存在地区差异性，东北地区及西南地区城市的经济条件弱于东部沿海与南部沿海地区的城市，在产业结构转型优化和绿色创新发展方面也弱于其他地区，由此经济、资源和环境等方面没有像其他地区那样协调发展，从而生态效率值较低，生态效率提升效果不明显。

2. 生态效率空间相关性分析

为降低空间权重矩阵的选择不同带来的误差，本书通过 Stata 软件，借助邻接矩阵、反距离权重矩阵来计算全局 Moran’s I 指数。如表 4–5 所示，2006—2020 年基于邻接矩阵和反距离权重矩阵计算的中国 280 个城市生态效率的全局 Moran’s I 指数均大于 0，总体呈上升趋势，说明研究时间段内生态效率的聚集情况出现波动变化。在邻接矩阵的结果中，除了 2008 年显著性在 10% 以外，其余结果均通过了 1% 的显著性检验，说明相邻城市之间的生态效率是有影响关系的，一个城市的生态效率不仅对其周围城市生态效率有影响，还会被周围邻近城市所影响；基于反距离权重矩阵的结果中除了 2008 年显著性在 5% 以内，其余结果均通过了 1% 的显著性检验，说明样本区内的城市生态效率有显著的空间集聚特征，其分布具有正向的空间相关性，是非随机的。

表 4–5　2006—2020 年中国各城市生态效率的全局 Moran’s I 指数结果表

年份	邻接矩阵			反距离权重矩阵		
	Moran’I	Z	P–value	Moran’I	Z	P–value
2006	0.090	2.484	0.013	0.022	5.260	0.000
2007	0.102	2.720	0.007	0.022	5.009	0.000
2008	0.044	1.217	0.224	0.008	2.186	0.029
2009	0.159	4.118	0.000	0.031	6.747	0.000
2010	0.183	4.694	0.000	0.034	7.359	0.000
2011	0.167	4.275	0.000	0.035	7.498	0.000
2012	0.179	4.551	0.000	0.036	7.631	0.000
2013	0.122	3.127	0.002	0.022	4.927	0.000
2014	0.180	4.564	0.000	0.041	8.535	0.000
2015	0.216	5.442	0.000	0.056	11.320	0.000

（续表）

年份	邻接矩阵			反距离权重矩阵		
	Moran'I	Z	P-value	Moran'I	Z	P-value
2016	0.135	3.424	0.001	0.041	8.634	0.000
2017	0.157	3.964	0.000	0.049	10.100	0.000
2018	0.195	4.905	0.000	0.053	10.840	0.000
2019	0.226	5.664	0.000	0.059	11.900	0.000
2020	0.234	5.853	0.000	0.057	11.570	0.000

为了识别中国各城市生态效率的聚集情况，探究生态效率的空间分布、异质性及其变化情况，本书通过 Stata 绘制了 2006 年、2010 年、2015 年、2020 年的 Moran's I 散点图。图 4-5 和图 4-6 分别是基于邻接矩阵和反距离权重矩阵绘制的 Moran's I 散点图，除了 2006 年基于邻接矩阵的局部 Moran's I 显著性水平超过了 1%，其余的局部 Moran's I 显著性水平在 1% 以下为正，且 Moran's I 系数逐年变大，说明生态效率存在空间聚集情况。可以看出各城市生态效率的空间聚集主要分布在第一象限和第三象限，表明各城市生态效率的空间聚集情况主要以“高—高”和“低—低”为主；且生态效率“高—高”集聚区城市的数量在逐年增多，表明本地区及周围地区生态效率值都高的城市数量在逐年增多。

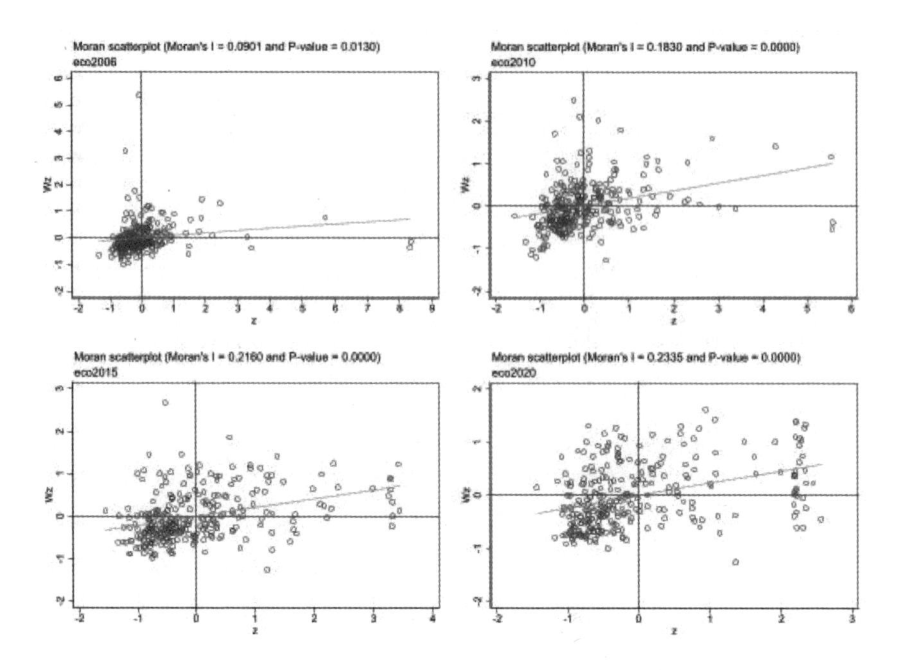

图 4-5 基于邻接矩阵的 Moran's I 散点图

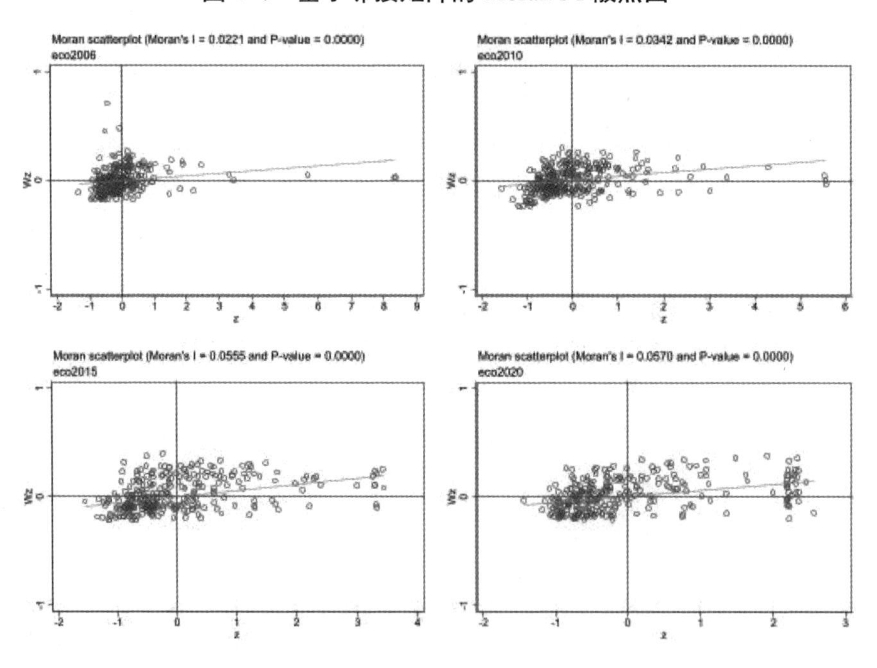

图 4-6 基于反距离权重矩阵的 Moran's I 散点图

四、小结

本节主要内容为构建生态效率测算的指标体系、运用 Meta-US-SBM 模型测算生态效率、从时空角度分析生态效率的分布及变化情况。具体来说就是根据前文梳理的生态效率测度指标体系，使用 Meta-US-SBM 模型测算 2006—2020 年中国 280 个城市的生态效率，然后基于测算出的效率值，利用核密度曲线从时间变化上、标准椭圆及重心从空间演变上、莫兰指数和热点分析从空间相关性方面分析城市生态效率的分布特征及变化情况，主要结论如下：

第一，从分组情况来看，东部沿海、北部沿海和南部沿海地区的城市生态效率值较高，西北地区和西南地区的城市生态效率值较低。从城市生态效率值分布情况来看，东部沿海地区的江苏省和浙江省、南部沿海地区的广东省、北部沿海地区的山东省大部分城市的生态效率值都较高，以及长江中游地区的江西省和安徽省、东北地区的黑龙江省和辽宁省部分城市生态效率值较高，且生态效率水平高的城市数量在逐年增加。

第二，从时间变化上来看，城市生态效率值总体呈上升趋势，且生态效率值低的城市数量在快速减少，生态效率的区域差异性在不断减小，但处于生态效率高的城市数量还有待增加。

第三，从空间演变上来看，生态效率的标准椭圆及重心有向东偏移的趋势；从空间相关性来看，生态效率分布有明显的空间集聚性；从冷热点情况分布来看，热点地区主要分布在东部沿海经济区的江苏省大部分城市以及浙江省部分城市、北部沿海地区的山东省部分城市、南部沿海的广东省部分城市和长江中游经济区的安徽省、江西省部分城市，且热点城市的规模和数量在不断增加，西北部地区和西南部地区的冷点规模和数量不断增加。

第四节　低碳试点政策对城市生态效率的影响分析

一、变量选择与说明

1. 被解释变量

城市生态效率（eco）。用前一章节 Meta-US-SBM 模型测算的城市生态效率指数。

2. 核心解释变量

低碳试点政策时间与试点城市交互项的虚拟变量（did_{it}）。本书参考曹翔[①]的做法，考虑到第二批试点城市公布时间在 2012 年末，故以 2013 年为第二批城市的试点时间，不考虑非地级市的县和地区，对于试点名单中一些城市所在的省先于城市成为试点的，将这些城市所在省的试点时间作为其试点时间。由于北京、天津、重庆、上海为直辖市，在行政地位上与省、自治区和特别行政区相同，所以剔除这几个城市，有些城市数据缺失量较大，为了保证研究的准确性，也剔除掉这些城市，最终确定为 280 个城市，其中 119 个试点城市、161 个非试点城市。由此，did_{it} 为低碳试点政策虚拟变量，且在低碳试点政策执行之后为 1，其余为 0，对于非试点城市始终为 0。

3. 控制变量

参考 Song[②] 的做法，选取一系列对生态效率指数具有重要影响的因素并且控制城市特色的影响，具体选取了一些控制指标：

---

① 曹翔，高瑀．低碳城市试点政策推动了城市居民绿色生活方式形成吗？[J]. 中国人口·资源与环境，2021, 31（12）：93-103.

② SONG M, ZHAO X, SHANG Y. The impact of low-carbon city construction on ecological efficiency: Empirical evidence from quasi-natural experiments[J]. Resources, Conservation and Recycling, 2020, 157: 104777.

（1）产业高级化指数

公式如下[①]：

$$X_1 = (1,0,0),\quad X_2 = (0,1,0),\quad X_3 = (0,0,1),$$

$$X_0 = (x_{1,0}, x_{2,0}, x_{3,0})$$

$$\theta_j = \arccos\left(\frac{\sum_{i=1}^{3}\left(x_{i,j}\cdot x_{i,0}\right)}{\left(\sum_{i=1}^{3}\left(x_{i,j}^2\right)^{\frac{1}{2}}\cdot\sum_{i=1}^{3}\left(x_{i,0}^2\right)^{\frac{1}{2}}\right)}\right)$$

$$ais = \sum_{k=1}^{3}\sum_{j=1}^{k}\theta_j$$

其中：j=1,2,3；θ_j 为 X_1,X_2,X_3 的夹角；ais 为产业高级化指数。

（2）社会消费水平

以消费品零售额占地区生产总值的比重来衡量。

（3）人口密度

以城市每平方千米土地上常住人口总数来衡量。

（4）外商投资水平

参考初善冰等的做法，以城市实际利用外资总额占地区生产总值比重来衡量[②]。

（5）绿化水平

参考邓荣荣的研究，用城市建成区绿化覆盖率表示绿化对生态效率的影响[③]。

---

① 付凌晖．我国产业结构高级化与经济增长关系的实证研究 [J]. 统计研究，2010，27（8）：79–81.

② 初善冰，黄安平．外商直接投资对区域生态效率的影响：基于中国省际面板数据的检验 [J]. 国际贸易问题，2012（11）：128–144.

③ 邓荣荣，张翱祥，陈鸣．长江经济带高铁开通对城市生态效率的影响：基于 DID 与 SDID 的实证分析 [J]. 华东经济管理，2021，35（5）：1–11.

（6）人力资本

用高校学生占城市总人口来衡量。

（7）金融发展水平

采用年末存贷款总额占城市生产总值来衡量金融发展水平。

以上数据均来源于《中国城市统计年鉴》和各省统计年鉴，对于缺失值采用线性插值法进行补充，数据描述如表 4–6 所示。

表 4–6 主要变量描述性统计表

变量类型	变量名称	（1）样本总量	（2）平均值	（3）标准误差	（4）最小值	（5）最大值
被解释变量	生态效率指数	4,200	0.1006	0.0988	0.0200	1.2775
核心解释变量	低碳城市	4,200	0.2510	0.4336	0.0000	1.0000
控制变量	产业高级化指数	4,200	6.4487	0.3500	5.5175	7.8361
	社会消费水平	4,200	0.3667	0.1073	0.0264	1.0126
	人口密度	4,200	423.6023	322.6692	4.7000	3,239.7998
	外商投资水平	4,200	0.0177	0.0187	0.0000	0.1990
	绿化水平	4,200	38.8932	12.9808	0.0000	386.6400
	人力资本	4,200	1.6136	1.9487	0.0039	12.7643
	金融发展水平	4,200	2.2403	1.1080	0.5600	21.3015

二、模型设计

为了探究低碳城市试点政策是否对生态效率有影响，本书将低碳试点政策作为一项准自然实验，构建多期双重差分模型来评估低碳城市试点对生态效率的影响，模型具体如下：

$$eco_{it} = \alpha + \beta did_{it} + \delta Control_{it} + V_t + \mu_i + \varepsilon_{it}$$

式中：eco_{it} 为 i 城市 t 年的生态效率指数；did_{it} 为低碳试点政策时间与城市交互的虚拟变量；$Control_{it}$ 为一系列控制变量；V_t、μ_i 为城市、年份固定效应；ε_{it} 为随机误差项；α、β 为待估计系数；δ 为待估计系数列向量；i、t 分别代表城市、时间。

三、基准回归

先对各变量进行多重共线性检验，以使基准回归结果更加准确和有效，如表 4–7 所示。方差膨胀因子（VIF）均小于 10，说明各变量之间不存在多重共线性问题。

表 4–7　各控制变量多重共线性分析表

变量	VIF	1/VIF
产业高级化指数	1.96	0.510882
金融发展水平	1.93	0.517765
人力资本	1.81	0.553342
社会消费水平	1.27	0.789449
人口密度	1.22	0.816862
外商投资水平	1.20	0.832243
did_{it}	1.10	0.911899
环境规制	1.09	0.917021
VIF 平均值	1.45	

先采用多期双重差分模型评估低碳试点政策对生态效率的影响，发现在控制时间固定效应、城市固定效应，不加入控制变量的情况下，did_{it} 系数显著为正，表明相比于非试点城市，低碳试点政策实施后试点城市的生态效率显著提高了；在控制时间固定效应、城市固定效应，逐步加入控制变量（产业高级化指数、社会消费水平、人口密度、外商投资水平、环境规制、人力资本、金融发展水平）的情况下，did_{it} 系数始终显著为正（见表 4–8），说明低碳试点政策对试点城市生态效率的提高确实有促进作用，验证了假设 H_1。

表 4–8 基准回归结果表

变量	（1）	（2）	（3）	（4）	（5）	(6)	(7)
	eco	eco	eco	eco	eco	eco	eco
did_{it}	0.024***	0.025***	0.024***	0.022***	0.023***	0.022***	0.022***
	(4.03)	(4.19)	(4.10)	(3.71)	(3.85)	(3.80)	(3.74)
产业高级化指数		0.036**	0.045***	0.047***	0.044***	0.043**	0.043**
		(2.15)	(2.67)	(2.77)	(2.59)	(2.53)	(2.53)
社会消费水平			−0.113***	−0.108***	−0.104***	−0.103***	−0.089***
			(−3.96)	(−3.79)	(−3.65)	(−3.63)	(−3.08)
人口密度				0.000***	0.000***	0.000***	0.000***
				(3.65)	(3.83)	(3.84)	(3.91)
外商投资水平				−0.229*	−0.251*	−0.242*	−0.268**
				(−1.76)	(−1.92)	(−1.86)	(−2.05)

（续表）

变量	（1）	（2）	（3）	（4）	（5）	(6)	(7)
	eco	eco	eco	eco	eco	eco	eco
绿化水平					0.000***	0.000***	0.001***
					(3.34)	(3.41)	(3.43)
人力资本						0.006*	0.007*
						(1.73)	(1.86)
金融发展水平							−0.007**
							(−2.23)
常数项	0.191***	−0.035	−0.056	−0.110	−0.109	−0.112	−0.105
	(33.92)	(−0.34)	(−0.53)	(−1.03)	(−1.03)	(−1.05)	(−0.99)
时间固定效应	是	是	是	是	是	是	是
城市固定效应	是	是	是	是	是	是	是
N	4200	4200	4200	4200	4200	4200	4200
R^2	0.475	0.475	0.478	0.480	0.481	0.482	0.482

注：***、**、* 分别表示在 1%、5%、10% 水平上显著，括号内为 T 统计量（以下同）。

四、稳健性检验

为了验证低碳城市试点政策对生态效率有显著正向影响这一结果是稳健的，不是由其他不可观测的因素引起的，本书从多个维度进行分析，确保结论的稳健性。

1. 平行趋势检验

平行趋势检验是进行多期双重差分的前提，由于各低碳城市试点时间不同，参考 Beck 等采用的事件研究法①，将各试点城市受到政策冲击的相对时间作为虚拟变量，验证在没有实施政策之前，试点城市与非试点城市的生态效率的变化趋势，具体如下：

$$eco_{it} = \alpha + \beta_1 \text{prior}_{it}^{3} + \beta_2 \text{prior}_{it}^{2} + \beta_3 \text{prior}_{it}^{1} + \beta_4 \text{adoption}_{it} + \beta_5 \text{after}_{it}^{1} + \beta_6 \text{after}_{it}^{2} + \beta_7 \text{after}_{it}^{13} + A_s + B_t + \varepsilon_{st}$$

式中：prior_{it}^{r}、adoption_{it}、$\beta_6\text{after}_{it}^{j}$为时间与城市交互的虚拟变量，若实施了低碳试点政策则取 1，否则为 0；A_s、B_t 为城市、年份固定效应；ε_{st} 为随机扰动项；α、$\beta_1 \sim \beta_7$ 为估计系数。

由图 4–7 可知，在低碳试点政策实施前，试点城市和非试点城市的变动趋势大致相同，变化得相对平缓，无显著差异，平行趋势检验通过；而在低碳试点政策实施后，试点城市和非试点城市生态效率变化出现了显著的差异，表明低碳试点政策对试点城市的生态效率有显著促进作用。

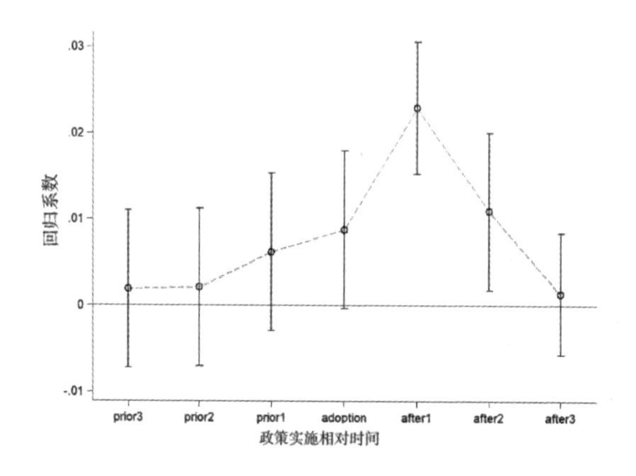

图 4–7 平行趋势检验图

① BECK T, LEVINE R, LEVKOV A. Big Bad Banks? The Winners and Losers from Bank Deregulation in the United States[J]. The Journal of Finance, 2010, 65（5）: 1637–1667.

2. 安慰剂检验

为了提高结果的可信度，排除不可观测且随时间变化的其他因素的影响，本书参考魏志华[①]等的做法，随机生成“试点地区”和“试点时间”进行安慰剂测试，并重复抽样500次，结果如图4–8所示。由此可见，随机“试点地区”和“试点时间”的估计系数均分布在零附近，近似正态分布，大部分 P 值都大于0.1不显著，可以排除其他随机因素的影响，所以低碳试点政策对生态效率的显著正向影响这一结果是稳健的，非偶然因素的干扰。

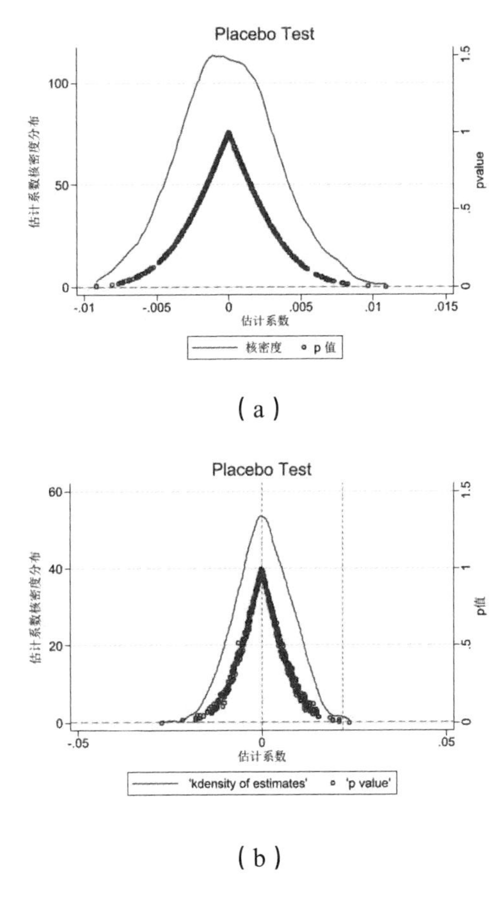

图4–8　安慰剂检验图

① 魏志华，王孝华，蔡伟毅．税收征管数字化与企业内部薪酬差距[J].中国工业经济，2002，（3）：152–170.

3.PSM–DID 检验

为了缓解样本选择偏误导致的内生性问题，采用倾向性得分匹配的双重差分（PSM–DID）模型进行检验。在采用 PSM–DID 模型之前，先进行平衡检验和共同支撑检验，以验证模型的有效性。运用 1∶3 最近相邻匹配找到与处理组相似特征的对照组样本，以估计平均处理效应。如图 4–9 所示，匹配前各协变量均存在明显差异，匹配后各协变量没有显著差异，因此满足平衡性检验。

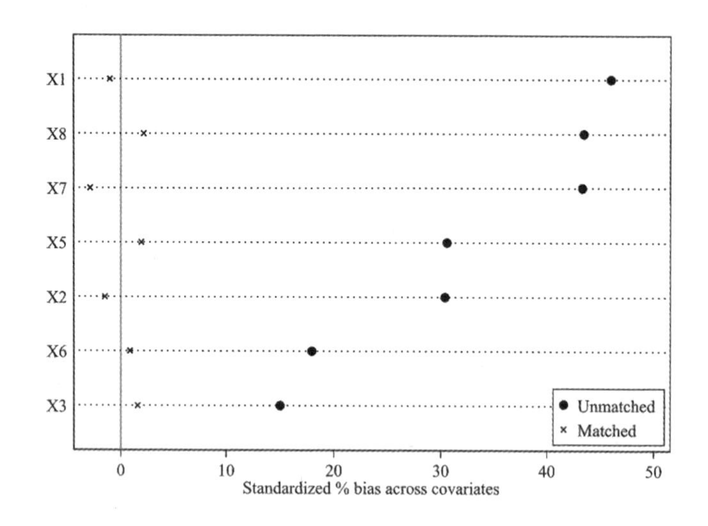

图 4–9　平衡性检验结果图

如图 4–10 所示，处理组和对照组的倾向得分绝大部分都在共同支撑范围内，极少数样本可能存在极端值不在共同支撑范围内，将这些极端样本删除，匹配后样本损失很少，满足共同支撑检验。

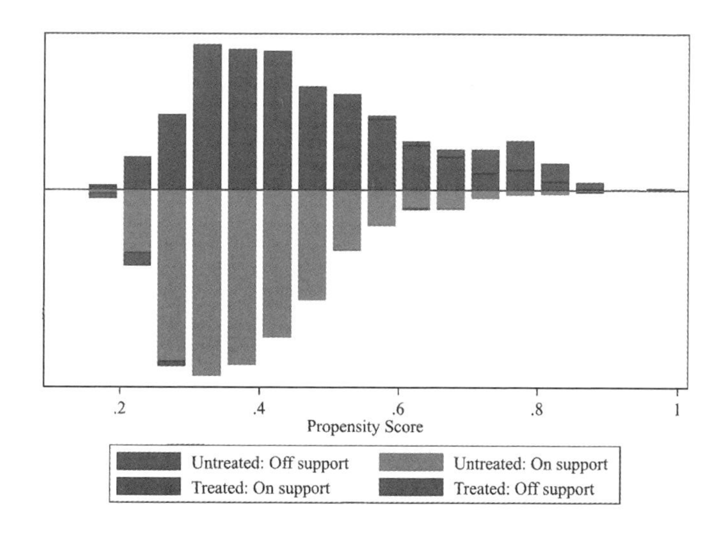

图 4–10　倾向得分匹配结果图

将公式中的控制变量（产业高级化指数、社会消费水平、人口密度、外商投资水平、环境规制、人力资本、金融发展水平）作为匹配变量，运用 1∶3 最近相邻匹配方法对样本进行匹配，结果如表 4–9 所示，均显著为正，再次验证了低碳城市试点政策对生态效率有显著正向影响这一结果是稳健的。

表 4–9　倾向得分匹配双重差分的实证结果表

变量	（1） eco	（2） eco
did_{it}	0.024*** (4.03)	0.022*** (3.79)
产业高级化指数		0.036** (2.11)

（续表）

变量	（1） eco	（2） eco
社会消费水平		−0.083*** (−2.87)
人口密度		0.146*** (5.00)
外商投资水平		−0.252* (−1.93)
环境规制		0.000*** (3.36)
人力资本		0.006* (1.70)
金融发展水平		−0.006** (−1.97)
常数项	0.191*** (33.92)	−0.843*** (−4.42)
时间固定效应	是	是
城市固定效应	是	是
样本量	3995	3995
R^2	0.475	0.484

4. 排除其他政策干扰

通过梳理总结样本期间中国实施的其他可能对生态效率产生影响的政策，发现 2012 年国家先后分三批（样本范围内共 100 个地级市，不考虑县区级试点）实施的智慧城市政策和 2013—2020 年先后分三批（样本范围内共 83 个地级市，不考虑县区级试点）实施的生态文明先行示范区政策以及创新城市政策可能会对生态效率产生影响。为了避免在低碳城市试点政策实施期间因为其他政策影响生态效率，使得估计结果有偏差，本书参考王峰的做法，分别加入这些政策的虚拟变量与时间线性趋势的交叉项进行回归[①]。结果如表 4-10 所示，控制上述政策干扰后的估计结果与基准回归结果相似，依然显著为正，表明这些政策并没有使低碳试点政策对城市生态效率影响的结果产生偏误，再次验证了低碳试点政策对城市生态效率有显著正向影响这一结果是稳健的。

表 4-10　排除其他政策干扰检验结果表

变量	（1）	（2）	（3）
	eco	eco	eco
低碳城市试点政策	0.022***	0.020***	0.020***
	(3.81)	(3.40)	(3.38)
智慧城市政策	是		
生态文明先行示范区		是	
创新城市政策			是

① 王锋，葛星．低碳转型冲击就业吗：来自低碳城市试点的经验证据 [J]. 中国工业经济，2022（5）: 81-99.

（续表）

变量	（1） eco	（2） eco	（3） eco
常数项	−0.869*** (−4.55)	−0.813*** (−4.28)	−0.936*** (−5.00)
控制变量	是	是	是
时间固定效应	是	是	是
城市固定效应	是	是	是
样本量	4200	4200	4200
R^2	0.484	0.488	0.502

5. 分批次效应评价

将三批试点城市作为实验组，将研究期内始终未成为低碳试点的城市作为对照组，分别进行检验，结果如表 4–11 所示。相比于非试点城市，第一批低碳试点政策对城市生态效率的影响效果不显著，可能是由于第一批试点城市主要是为了探索适合本地发展的成功经验和做法，各地要花更多的时间去探索和发现制约低碳化发展的问题，制订和实施可行的工作方案；也可能是由于试点城市是国家直接指定的，没有规定明确的约束机制，对于试点效果好的城市没有给予财政、税收支持，对于效果不佳的城市也没有问责，所以相比于第二和第三批自主申报的试点城市来说，地方积极性不强；还可能是因为第一批试点城市多是以省为试点单位，覆盖面积大，缺乏明确的划分，导致省内各城市之间政策执行力度也有差异，所以总体效果不佳。第二批低碳试点政策和第三批低碳试点政策对城市生态效率均有显著正向影响，且从回归系数来看，第三批试点政策的效果好于第二批，可能是因为有了第一批试点的经验，第二批、第三批试点城市有了更明确的试点内容和目标任务，比如说第二批试点政策中加入了温室气体排放目标责任制、追踪并评估任务的执行情况，第三批试点中加入了“碳达峰”目标并明确了试点的主要内容；也可能是第三批试点政策中明确了对于试点地区会提供激励和政策扶持，为了获得更多的支持，地方政府和地方有关部门会不断提高积极性和创造性，加大落实低碳化发展政策的力度；还可能是第三批试点政策中鼓励外资、社会资本进入，拓宽了融资渠道，加大了资金投入，政府和企业之间形成合力，使得效果更佳。

表 4–11　第一、第二、第三批试点政策评估结果表

	（1）	（2）	（3）	（4）	（5）	（6）
	eco	eco	eco	eco	eco	eco
第一批	0.002	0.001				
	(0.33)	(0.15)				
第二批			0.039***	0.035***		
			(3.52)	(3.10)		
第三批					0.071***	0.068***
					(6.09)	(5.80)
常数项	0.189***	−0.974***	0.186***	−1.283***	0.185***	−0.942***
时间固定效应	是	是	是	是	是	是
城市固定效应	是	是	是	是	是	是
控制变量	否	是	否	是	否	是
N	3465	3465	2745	2745	2820	2820
R^2	0.465	0.479	0.459	0.474	0.476	0.486

五、异质性分析

考虑到低碳城市试点政策在不同城市的推行与实施可能会存在差异，因而呈现出来的效果不同，本书将探索不同地理位置、不同行政级别、不同资源禀赋城市的低碳试点政策对城市生态效率的异质性影响。

1. 不同地理位置的城市异质性分析

根据各城市所处地理位置的不同，本书将样本数据分为东中部和西部地区（其中 83 个西部地区，197 个东中部地区），以东中部城市为基准组（did），西部城市与其进行交乘（did × west），然后纳入基准模型进行回归，结果如表 4–12 第（1）列所示。在控制时间效应、城市效应和控制变量的情况下，did × west 的系数为负，且在 1% 的水平上显著，说明低碳试点政策提升城市生态效率的效果在东中部试点城市比西部试点城市好。可能是由于东中部地区经济发展相对来说已处于较高水平，更加重视经济发展的质量，更加积极推进绿色低碳经济发展，产业转型效率高，低碳城市试点政策的实施更有利于刺激东中部城市低碳高新技术产业集聚均衡发展，从而提高资源利用率和降低环境污染，使生态效率的提升效果更加明显。相对来说，西部地区经济发展水平不高，经济发展压力较大，创新能力、技术进步、污染治理能力相对较弱，发展基础和环保意识弱于东中部城市，因而政策落实力度相对小一些，对生态效率提升效果缓慢一些。

2. 不同行政级别的城市异质性分析

由于副省级城市比一般地级市有更大的自主权，为了探讨低碳城市试点政策对生态效率的影响效果是否会因为城市行政级别不同而有显著差异，本书从城市行政等级的角度，将研究样本按城市级别划分，共分为 15 个副省级城市和 265 个普通地级市，并以普通地级市为基准，将副省级城市与其进行交乘（did × power），同样纳入基准回归模型，结果如表 4–12 第（2）列所示。在控制时间效应、城市效应和控制变量的情况下，

did × power 的结果在 1% 的水平下显著为正，说明低碳城市试点政策对副省级城市生态效率的提升效果明显强于其他城市。可能是由于副省级城市行政和经济上有更大自主权，经济实力强于其他城市，更能吸引创新资源和人才的流入和集聚，从而对政策的支持力度更大，生态效率的提升效果更加明显。

3. 不同资源禀赋的城市异质性分析

将 280 个城市根据《国务院关于印发全国资源型城市可持续发展规划（2013—2020 年）的通知》中的内容，划分成 114 个资源型城市、166 个非资源型城市，在控制时间效应、城市效应和控制变量的情况下，以非资源型城市为基准（did），将资源型城市与其相乘（did × resource），纳入基准回归模型，结果如表 4–12 第（3）列所示。did 在 1% 的水平上显著为正，did × resource 的系数为负，且在 1% 的水平上显著，说明低碳城市试点政策对非资源型城市生态效率的提升效果强于资源型城市。可能是由于资源型城市过度依赖自身的资源，容易陷入“资源诅咒”困境，有的资源型城市的工业产业主要表现为资源依赖型，会造成大量的环境破坏和污染，从而抑制了低碳城市试点政策对资源型城市生态效率的提升。

表 4–12 低碳城市试点政策效果的异质性分析表

变量名称	（1） eco	（2） eco	（3） eco
did	0.032*** (4.82)	0.062*** (10.21)	0.041*** (6.06)
did × west	−0.035*** (−3.15)		
did × power		0.161*** (9.35)	

（续表）

变量名称	（1） eco	（2） eco	（3） eco
did × resource			−0.059*** (−5.55)
常数项	−0.819*** (−4.30)	−2.793*** (−15.45)	−0.745*** (−3.90)
控制变量	是	是	是
时间固定效应	是	是	是
城市固定效应	是	是	是
N	4200	4200	4200
R^2	0.485	0.396	0.488

六、小结

本章节运用了多期 DID 模型检验了低碳试点政策是否对城市生态效率有影响；然后通过平行趋势检验、安慰剂检验、PSM−DID 检验、排除其他政策干扰等一系列稳健性检验，验证了结果的稳健性；最后探究不同地理位置、不同行政级别、不同资源禀赋的城市低碳试点城市政策效果是否不同。具体研究结果如下：

第一，低碳试点政策对城市生态效率有显著正向影响。与非试点城市相比较，低碳试点政策实施后，显著推动试点城市生态效率提升，并且该结果在加入控制变量、时间与城市双向固定后仍然显著为正向。

第二，为了验证这一结果是稳健的，而不是由其他不可观测的因素引起的，本书通过平行趋势检验、安慰剂检验等多个维度进行分析，确保结论的稳健性。通过比较不同批次的政策效果，发现第一批低碳试点城市政策效果不明显，第三批低碳城市试点政策比第二批的效果好。

第三，从异质性分析结果来看，低碳试点城市政策对东中部地区城市的生态效率提升效果强于西部地区，副省级城市生态效率提升效果强于普通地级市、非资源型城市生态效率提升效果强于资源型城市。

第五节　低碳试点政策对城市生态效率的作用机制探讨

基于上节分析，低碳试点政策可以促进城市生态效率提升，为了探究低碳试点城市是通过哪些方式提高生态效率的，也就是探讨其可能存在的作用机制，以及不同的机制在不同地理位置城市、不同行政级别城市、不同资源禀赋城市的影响如何，本书以理论分析和研究假设为基础，分别从产业结构优化、能源结构调整、公众环保意识提高、技术创新进步和土地利用方式优化 5 个方面，综合分析低碳城市试点政策影响生态效率的作用机制及不同城市低碳城市试点政策对生态效率提高起促进作用的有效机制。

一、变量说明

鉴于数据获取的可得性及完备性，本书中变量的选取主要采取代理变量形式，指标选取说明如下：

1. 产业结构升级

采用产业结构合理化程度进行测度，该指数的优良性质是考虑到了衡量不同产业产值和就业之间的结构偏差，同时也考虑到了行业的经济地位不同。本书参考袁航和朱承亮的研究，借鉴泰尔指数来衡量产业结构合理化程度，该值反映了我国三大产业的产值结构与人员就业结构，为 0 表示产业结构均衡，越大越偏离均衡状态，产业结构越不合理[①]，公式如下：

$$\mathrm{theil}_{i,t}=\sum_{m=1}^{3}y_{i,m,t}\ln\left(\frac{y_{i,m,t}}{l_{i,m,t}}\right), m=1,2,3$$

式中：$Y_{i,m,t}$ 表示 i 地区第 m 产业在 t 时期占地区生产总值的比重；$I_{i,m,t}$ 表示 i 地区第 m 产业在 t 时期从业人员占总就业人员的比重。

2. 能源结构优化

煤炭消费占一次能源消费比重。

3. 环保意识提高

采用百度指数中对环境污染的搜索指数替代。参考董直庆和王辉的做法，通过搜索各城市关于环境污染的年均环境污染指数，由于百度指数 PC+ 移动端分地区可搜索的时间区间为 2011 年 1 月之后，因此该指标时间段为 2011—2020 年[②]。

4. 技术创新进步

采用人均科学支出指标。

5. 土地利用方式

采用建设用地节约集约利用程度（单位面积建设用地产值）表达。

数据来源于《中国城市统计年鉴》、《中国能源统计年鉴》、百度指数，以及前文中提到的《中国长时间序列夜间灯光数据集（2000—2020）》。

二、模型构建

温忠麟和叶宝娟认为，中介效应模型能够分析核心解释变量对被解释变量的作用过程及机制，可以帮助我们更好、更深入地认识某项结果。参

① 袁航，朱承亮 . 国家高新区推动了中国产业结构转型升级吗 [J]. 中国工业经济，2018（8）: 60-77.

② 董直庆，王辉 . 城市财富与绿色技术选择 [J]. 经济研究，2021, 56（4）: 143-159.

考 Baron 和 Kenny① 以及温忠麟和叶宝娟的逐步回归法中介模型②，检验流程如下：

$$Y = cX + e_1$$

$$M = aX + e_2$$

$$Y = c'X + bM + e_3$$

式中：c' 为 X 对 Y 的直接效应；$b*a$ 为 X 对 Y（通过 M）的间接效应。

参考江艇的做法，仅将逐步回归法作为试探性证据，探究中介变量是否为核心解释变量作用于被解释变量的渠道，具体为：在研究中探究与被解释变量 Y 在理论上较为直观、逻辑和时空关系较为接近的一个或多个中介变量 M，也就是仅仅考察上述公式，即达到了检验渠道的目的，不再过多着墨于中介变量如何影响被解释变量以及影响效应如何③。

前述已经验证了低碳试点政策对城市生态效率确实有显著的促进作用且结果稳健，为了进一步验证假设 H_{2a}–H_{2e}，参考刘娟等的做法④，具体公式如下：

$$M_{it} = \alpha + \beta\,\text{did}_{it} + \delta\,\text{Control}_{it} + \nu_t + \mu_i + \varepsilon_{it}$$

式中：M 为中间变量（产业结构升级、能源结构优化、环保意识提高、技术创新进步、土地利用方式）；did_{it} 为低碳试点政策（试点城市与时间的交互项虚拟变量）；Control_{it} 为控制变量；V_t、μ_i 为城市、年份固定效应；ε_{it} 为随机误差项；α、β 为待估计系数；δ 为待估计系数列向量；i、t 分别代表城市、时间。

① BARON R M, KENNY D A. The moderator-mediator variable distinction in social psychological research: Conceptual, strategic, and statistical considerations[J]. Journal of Personality and Social Psychology, 1986, 51（6）: 1173-1182.

② 温忠麟，叶宝娟. 中介效应分析：方法和模型发展 [J]. 心理科学进展，2014, 22（5）: 731-745.

③ 江艇. 因果推断经验研究中的中介效应与调节效应 [J]. 中国工业经济，2022（5）: 100-120.

④ 刘娟，耿晓林，刘梦洁. 自贸试验区设立与城市创业活跃度提升：影响机制与空间辐射效应的经验分析 [J]. 国际商务（对外经济贸易大学学报），2022（6）: 18-37.

三、作用机制探究

1. 产业结构效应探究

根据公式，将产业结构作为传导变量进行检验，结果如表 4–13 所示。从全样本量来看，低碳试点城市政策对产业结构的回归系数不显著，也就是说低碳试点城市政策并没有对产业结构优化起作用，假设 H_{2a} 未得到验证。从分样本情况来看，西部地区和副省级城市的低碳试点城市政策对产业结构（产业合理化）表现出负相关，即实施低碳试点城市政策更能使得这些城市产业趋于均衡。可能的原因在于低碳试点城市政策只对少部分城市的产业合理化起到了作用，并没有从整体上改变产业合理化。

表 4–13 产业结构作为机制的检验结果

变量	(1) M1 全样本	(2) M1 东中部地区	(3) M1 西部地区	(4) M1 副省级城市	(5) M1 普通地级市	(6) M1 资源型城市	(7) M1 非资源型城市
did_{it}	−0.011	−0.002	−0.044**	−0.017*	−0.011	−0.020	−0.006
	(−1.14)	(−0.21)	(−2.09)	(−1.87)	(−1.01)	(−1.05)	(−0.58)
常数项	2.391***	2.343***	2.575***	−0.084	2.457***	2.352***	2.417***
	(9.01)	(7.20)	(6.23)	(−0.17)	(9.20)	(5.43)	(7.42)
控制变量	是	是	是	是	是	是	是
时间固定	是	是	是	是	是	是	是

（续表）

变量	(1) M1 全样本	(2) M1 东中部地区	(3) M1 西部地区	(4) M1 副省级城市	(5) M1 普通地级市	(6) M1 资源型城市	(7) M1 非资源型城市
城市固定	是	是	是	是	是	是	是
N	4200	2955	1245	225	3975	1710	2490
R^2	0.155	0.169	0.194	0.261	0.161	0.166	0.158

2. 能源结构效应探究

由表 4–14 可知，从全样本量来看，低碳试点城市政策对能源结构的回归系数显著为负，也就是说低碳试点城市政策可以抑制煤炭占能源消费量的比重，可以通过引导能源消费向清洁能源和绿色能源转变，从而促进能源结构优化。根据前文的文献梳理，能源结构对生态效率的提升有限制作用，也就是说促进能源优化（降低煤炭占比）可以有效提高生态效率。由此，假设 H_{2b} 可以得到验证，即低碳试点政策通过能源结构优化调整提高生态效率。从分样本情况来看，西部地区、副省级城市、普通地级市、资源型城市和非资源型城市的低碳试点城市政策均起到了优化能源结构（降低煤炭占比）的作用。

表 4-14 能源结构作为机制的检验结果

变量	(1) M1 全样本	(2) M1 东中部地区	(3) M1 西部地区	(4) M1 副省级城市	(5) M1 普通地级市	(6) M1 资源型城市	(7) M1 非资源型城市
didit	−0.047***	−0.012	−0.104***	−0.047**	−0.047***	−0.070**	−0.029**
	(−3.81)	(−1.20)	(−3.09)	(−2.52)	(−3.59)	(−2.56)	(−2.45)
常数项	0.813***	1.501***	0.201	1.358**	0.876***	0.929**	0.594*
	(3.16)	(8.69)	(0.33)	(2.27)	(3.38)	(2.38)	(1.73)
控制变量	是	是	是	是	是	是	是
时间固定	是	是	是	是	是	是	是
城市固定	是	是	是	是	是	是	是
N	4200	2955	1245	225	3975	1710	2490
R^2	0.071	0.167	0.180	0.223	0.073	0.075	0.123

3. 公众环保意识探究

由表 4-15 可知，从全样本量来看，低碳试点城市政策对环保意识的回归系数显著为正，也就是说低碳试点城市政策可以促进公众环保意识提高。当前，随着人们生活水平的提升、人口素质普遍提升以及生态文明理念深入人心，人们对新时代绿色新生活的憧憬日益强烈，因此，在低碳试点政策实施后，人们可能会更加关注环境污染以及强烈地希望环境变好变美。随着公众对环境关注度的提升，会迫使政府和企业更加关注他们的行为对自身公众形象的影响，减少对环境的污染和破坏，促进资源可持续利用，从而提高生态效率。由此，假设 H_{2c} 可以得到验证，即低碳试点政策通过公众环保意识提高生态效率。从分样本情况来看，东中部地区和非资源型城市的低碳试点政策可以促进公众环保意识提升。可能是由于东中部地区人们的生活水平更高，对于环境关注度更高，而非资源型城市公众更渴望环境得到改变，所以在低碳试点政策实施后公众对环境的关注度更高。

表 4–15　环保意识作为机制的检验结果

变量	(1) M3 全样本	(2) M3 东中部地区	(3) M3 西部地区	(4) M3 副省级城市	(5) M3 普通地级市	(6) M3 资源型城市	(7) M3 非资源型城市
didit	2.995**	3.043*	2.764	−0.889	1.853	−1.190	4.130**
	(2.06)	(1.73)	(1.20)	(−0.20)	(1.44)	(−0.98)	(2.26)
常数项	−3.244	3.542	−50.883**	−115.444	−14.258	−17.323	5.793
	(−0.26)	(0.22)	(−2.34)	(−0.95)	(−1.12)	(−1.31)	(0.29)
控制变量	是	是	是	是	是	是	是
时间固定	是	是	是	是	是	是	是
城市固定	是	是	是	是	是	是	是
N	2800	1970	830	150	2650	1140	1660
R^2	0.254	0.269	0.258	0.865	0.247	0.222	0.320

4. 技术创新效应探究

由表 4–16 可知，从全样本量来看，低碳试点政策对技术创新效应的回归系数显著为正，也就是说低碳试点城市政策可以促进技术创新水平。可能是由于低碳试点城市比较重视创新，可能会提供更多的资金和财政支持，扩大科技支出规模，加大研发补贴力度，促进高校和企业研发创新，同时也会吸引大量高素质、高技能型研发人员，从而推动技术创新进步、促进企业清洁化发展。而技术创新会使资源的利用更加节约，会降低环境污染治理的成本，提高经济效益产出，从而促进生态效率的提高。由此，假设 H_{2d} 得以验证。从分样本的情况来看，低碳试点城市政策实施之后，东中部地区、副省级城市、普通地级市、非资源型城市的技术创新水平得到了显著的提升，相比于普通地级市，副省级城市在政策实施后对技术创新的促进作用更强。可能是由于副省级城市相比于普通地级市可以获得更多的财政支持，也可以吸引更多的大型企业和优秀人才促进技术创新，从而促进生态效率提升；东中部地区相比于西部地区可以集聚更多的清洁型企业和高学历、高素质人才促进技术创新；非资源型城市可能会更加注重技术创新，从而节约资源和减少环境污染成本，最终促进生态效率提高。

表 4–16　技术创新作为机制的检验结果

变量	(1) M4 全样本	(2) M4 东中部地区	(3) M4 西部地区	(4) M4 副省级城市	(5) M4 普通地级市	(6) M4 资源型城市	(7) M4 非资源型城市
did_{it}	0.139***	0.147**	0.065	0.869***	0.126**	0.004	0.171***
	(4.62)	(2.38)	(0.75)	(5.09)	(2.24)	(0.04)	(2.95)
常数项	−1.220**	−2.982**	2.319	−31.002***	−1.490	−1.557	−0.192
	(−2.27)	(−2.01)	(1.43)	(−5.30)	(−1.24)	(−0.90)	(−0.11)

（续表）

变量	（1） M4 全样本	（2） M4 东中部地区	（3） M4 西部地区	（4） M4 副省级城市	（5） M4 普通地级市	(6) M4 资源型城市	(7) M4 非资源型城市
控制变量	是	是	是	是	是	是	是
时间固定	是	是	是	是	是	是	是
城市固定	是	是	是	是	是	是	是
N	4200	2955	1245	225	3975	1710	2490
R^2	0.800	0.813	0.802	0.627	0.794	0.777	0.826

5. 土地利用效应探究

由表 4–17 可知，从全样本量来看，低碳试点城市政策对土地利用方式的回归系数显著为正，也就是说低碳试点城市政策可以促进土地利用方式的优化。可能是由于低碳试点城市在编制低碳发展规划时，更加注重将低碳发展理念融入城市交通规划、土地利用规划等相关规划中，倡导功能混合的土地利用模式和紧凑的空间布局形态，在城市建设中会注意放缓城市建设用地供给，抑制城市空间无序蔓延，提高建设用地集约利用率，而建设用地节约集约利用会提高经济效益产出，有助于生态效率提升。该结果验证了假设 $H2$e，即低碳城市试点政策可以通过改变土地利用方式（节约集约利用土地）来促进生态效率的提高。从分样本的情况来看，低碳试点城市政策实施之后，东中部地区、普通地级市、非资源型城市的土地利用方式得到了显著的提升，东中部地区的提升效果好于普通地级市。可能是由于东中部地区的城市相对来说经济发展水平较高、交通基础设施相对完善，建设用地使用成本比西部地区相对来说高一些，所以建设用地节约集约利用可以创造出更高的价值，因此，低碳试点城市政策实施后，节约集约利用建设用地效果更好，而节约集约利用土地使得建设用地占比减少，绿地等生态用地占比增加，从而提高经济效益和增加绿色生态环境产出效益，可能会使生态效率提高。而西部地区相对来说对土地的利用更加粗放，低碳城市试点政策并没有促进建设用地节约集约利用，资源型城市比非资源型城市更加依赖资源，会加大对能源矿产的开采，且以劳动密集型产业为主，可能会扩张更多的建设用地用于居住和生产，建设用地的使用相对来说较为粗放和低效，可能造成西部地区和资源型城市低碳城市试点政策并没有对建设用地方式改变起作用。

表 4–17　土地利用方式作为机制的检验结果

变量	（1） M5 全样本	（2） M5 东中部地区	（3） M5 西部地区	（4） M5 副省级城市	（5） M5 普通地级市	(6) M5 资源型城市	(7) M5 非资源型城市
did_{it}	86.582***	105.404**	17.759	41.716	69.734*	29.711	96.199**
	(2.76)	(2.52)	(0.57)	(0.69)	(1.93)	(0.83)	(2.37)
常数项	−1044.215	−1195.784	−224.858	370.138	−1087.023**	−310.772	−1152.710
	(−1.65)	(−1.38)	(−0.35)	(0.10)	(−1.98)	(−0.62)	(−1.04)
控制变量	是	是	是	是	是	是	是
时间固定	是	是	是	是	是	是	是
城市固定	是	是	是	是	是	是	是

（续表）

变量	（1）	（2）	（3）	（4）	（5）	(6)	(7)
	M5	M5	M5	M5	M5	M5	M5
	全样本	东中部地区	西部地区	副省级城市	普通地级市	资源型城市	非资源型城市
N	4200	2955	1245	225	3975	1710	2490
R^2	0.394	0.390	0.542	0.790	0.368	0.458	0.397

综上可以看出，低碳试点城市政策可能通过调整能源结构、提高公众环保意识、促进技术创新和改变土地利用方式来促进生态效率的提高。

四、小结

本节分别从产业结构优化、能源结构调整、公众环保意识增强、技术创新进步和土地利用方式优化 5 个方面，探究低碳城市试点政策影响生态效率的作用机制，及不同城市低碳城市试点政策对生态效率提高可能起促进作用的有效机制，具体结论如下：

第一，低碳试点城市政策可能通过调整能源结构、增强公众环保意识、促进技术创新和改变土地利用方式等措施来促进生态效率的提高。

第二，不同机制在不同地理位置、行政级别、资源禀赋城市的效果不同。东中部地区可以通过增强公众环保意识、促进技术创新进步和优化土地利用方式来促进生态效率提高；西部地区可以通过调整能源结构促进生态效率的提高；副省级城市可以通过调整能源结构、促进技术创新提高生态效率；普通地级市可以通过调整能源结构、促进技术创新、优化土地利用方式来提高生态效率；资源型城市可以通过调整能源结构促进生态效率的提高；非资源型城市可以通过调整能源结构、提高公众环保意识、促进技术创新进步和改变土地利用方式来提高生态效率。

第六节 研究结论与建议

一、研究结论

本书以第一、二、三批试点城市为准自然实验，利用2006—2020年全国280个城市面板数据，运用多期双重差分法(DID)研究了低碳试点政策对城市生态效率的影响，检验了不同批次试点政策对城市生态效率的影响，探讨了低碳试点政策对不同地理位置、行政级别、资源禀赋城市生态效率的影响，试探性地分析了低碳试点政策对城市生态效率的作用机制，并分组探讨了不同机制在不同地理位置、行政级别、资源禀赋城市的作用效果，得出的主要研究结论如下：

第一，低碳试点政策对城市生态效率提升有显著的促进作用。与非试点城市相比，试点城市实施了该政策后其城市生态效率提高了2.2%，且此结论在安慰剂检验、PSM-DID检验及排除其他政策干扰等一系列检验后结果依然稳健。从分批次实施效果来看，第一批低碳试点政策效果不显著，第三批试点政策的效果好于第二批。

第二，低碳试点政策对不同地理位置、行政级别、资源禀赋城市的生态效率的影响不同。对于不同地理位置的城市来说，东中部地区生态效率的提升效果强于西部地区；对于不同行政级别的城市来说，副省级城市生态效率的提升效果明显强于普通地级市；对于不同资源禀赋的城市来说，非资源型城市生态效率的提升效果强于资源型城市。

第三，低碳试点政策可以通过调整能源消费结构、促进技术创新进步、提高公众环保意识和优化土地利用方式来促进城市生态效率的提高，且不同地理位置、行政级别、资源禀赋城市的机制作用效果不同。如东中部地区的城市在实施了低碳试点政策后可以通过增强公众环保意识、促进技术创新进步和优化土地利用方式促进城市生态效率提高；西部地区的城市在实施了低碳试点政策后可以通过调整能源结构促进生态效率的提高；副省级城市可以通过调整能源结构、促进技术创新来提高城市生态效率；普通地级市可以通过调整能源结构、促进技术创新、优化土地利用方式来提高城市生态效率；资源型城市可以通过调整能源结构促进城市生态效率的提高；非资源型城市可以通过调整能源结构、增强公众环保意识、促进技术创新进步和优化土地利用方式来提高城市生态效率。

二、对策建议

第一，总结和推广试点经验，科学推进全国低碳城市试点建设工作。试点城市的政府要积极落实低碳试点政策，合理编制城市低碳发展规划，全面总结试点城市成功经验。非试点城市也应积极向周边或省内试点城市学习，积极申报，争取早日成为低碳试点城市。相关部门可以树立低碳试点模范城市，以供各地试点城市研究学习；同时加强推进非试点城市的建设，确保低碳试点政策早日在全国更大范围内落地，以提高城市生态效率。

第二，走差异化道路，精准施策。由于中国幅员辽阔，各城市之间经济差距大、资源禀赋不尽相同，所以因地制宜地制订出切合自身发展情况的低碳规划，可以促进不同类型城市低碳化发展。低碳化发展是一项长期的、艰巨的任务，政府各相关部门在制定《低碳城市试点工作方案》《低碳发展规划》时，要根据自身城市特点设置目标和工作内容，最大限度地达到节能降耗与节约资源的目的，探索符合切身发展特征的低碳发展新模式，聚集低碳产业，倡导低碳生产生活方式，形成低碳发展空间格局。与此同时，国家相关部门在分解“低碳减排”任务时，以及对低碳试点城市进行考核评估时，也要根据城市特点，探索差异化标准，使得低碳试点工作高效完成，以推进“碳达峰、碳中和”工作。对于西部城市可以充分利用西部地区的资源优势，调整能源消费结构，加强清洁能源开发利用，构建绿色生态城市；对于资源型城市，可以充分发挥其自然资源优势，合理开发利用资源，充分提高资源利用效率，降低经济发展对资源的依赖，将“绿水青山变成金山银山”。

第三，政府和公众要积极探索产业结构升级的路径，继续加快调整能源消费结构、促进技术创新进步、提高公众环保意识和优化土地利用方式以提高生态效率。政府可以大力发展清洁环保和资源节约型环境友好型产业，推动产业向低碳绿色高效方向发展，减少资源消耗，保护和修复环境，让资源、经济和环境和谐发展，提高城市生态效率，促进可持续发展。中国低碳城市试点政策的经验表明，低碳试点政策可以通过调整能源消费结构、促进技术创新进步、提高公众环保意识和优化土地利用方式对城市生态效率产生促进作用。因此，政府相关部门在注重优化土地利用方式，引导公众增强环保意识的同时，一方面可以给予更多的财政和税收支持，让企业创新发展绿色、清洁能源技术和低碳技术，调整能源消费结构，促进技术创新进步，推动低碳产业发展；另一方面可以适当提供相对宽松的政策环境，促进可再生能源和新兴能源产业发展，以探索低碳城市产业结构升级路径。

第五章　生态文明建设对碳排放强度的影响及作用机制研究

第一节　理论分析与假设

一、生态文明建设对碳排放强度的直接影响

生态文明建设实际上是一个涉及政治、经济、文化、环境的复合系统，在生态文明建设的过程中，应全方位、多角度地对资源、人口、社会等各个单元进行综合考虑。因此，生态文明建设看似仅仅致力于生态环境的提升，实则是将各系统、各要素进行更加合理的优化与再分配，这也与我国要实现的“双碳”目标不谋而合。低碳发展不仅是应对气候变化的重要手段，更是生态文明建设的基本要求和目标[①]，在经济生态文明、政治生态文明、环境生态文明、社会生态文明的共同作用下，根据可持续发展理论：一方面，经济发展水平得以提升并由高速发展逐渐转向高质量发展，国土空间规划的不断推进使得土地利用结构和国土空间格局更加合理，政府相关政策的

① 白雪洁，周晓辉. 产业结构升级的经济增长空间溢出：软环境还是硬设施 [J]. 山西财经大学学报，2021，43（9）：44-56.

出台严格限制了经济活动中的化石能源消耗和废弃物的产生与排放，能有效降低碳排放量，这在一定程度上对于实现碳排放强度的降低有着明显的直接抑制作用；另一方面，我国幅员辽阔，地区之间往往会因为地理位置、资源禀赋等因素导致各种差异，同时，本书研究时间跨度为2000—2020年，共计21年，在研究期内我国经历了不同的发展阶段，且各阶段所追求的发展目标有所不同，而对于生态文明建设也经历了从提出到完善再到实践的过程，因此随着时间的推移和地理位置的变化，不同的地区在生态文明的散射和碳排放强度中的受益和受损的情况不同，并且途径机制也各不相同，因而生态文明建设对碳排放强度的抑制作用可能也会存在一定的差异。综合上述讨论结果，本书提出以下假设：

H_3：生态文明建设对碳排放强度的提升具有显著的抑制作用。

H_4：生态文明建设对碳排放强度的抑制作用具有时间和空间异质性。

二、生态文明建设对碳排放强度的空间溢出效应

从实际情况来看，区域的发展并不是独立运行的，本地区的经济发展、产业结构、资源禀赋等都与邻近地区的行为息息相关，这种经济活动外部性质化与量化相融合并且本地活动主体可能会对周边主体产生正向或负向影响的现象即被称为空间溢出效应[①]。一方面，在生态文明建设的过程中，资金、资源、技术等要素会在一定程度上被重新配置，从而在区域之间产生流动。学者张可等[②]系统考察了中国31个省份的二氧化硫污染物排放情况，发现污染排放呈现“你多排，我也多排”，但环保投入存在“你多投，我就少投”的策略型互动关系。同时，一些地方政府还可能会为了在短时

---

① 白雪洁，周晓辉．产业结构升级的经济增长空间溢出：软环境还是硬设施 [J]. 山西财经大学学报，2021，43（9）：44-56.

② 张可，汪东芳，周海燕．地区间环保投入与污染排放的内生策略互动 [J]. 中国工业经济，2016（2）：68-82.

间内快速有效地提升本地区的生态文明建设水平，完成上级下达的生态保护考核任务，取得更优秀的政绩考核成绩，从而制定较为严格的环保政策和提高环保标准，对当地的企业或个人的行为进行强制约束。这就会导致如高能耗、高污染的企业向周围约束政策更为活泛的地区转移，从而造成环境污染向周边地区转移，导致周边地区区域碳排放强度的增长。另一方面，碳排放是一种气体排放，空间上具有流动性，这使得环境污染会产生扩散现象，使得污染的产生不仅会导致本地区碳排放强度的升高，同时还会经由扩散效应辐射到周边地区，对周边地区的环境同样也会造成影响。污染物排放的跨区域流动甚至会导致"公地悲剧"，影响整个区域的生态文明建设水平和碳排放强度。综合上述讨论结果，并根据空间相关性理论，生态文明建设对于区域碳排放强度的空间溢出效应确实存在。基于上述分析，本书提出以下假设：

H_5：生态文明建设对碳排放强度的影响具有显著的空间溢出效应。

三、生态文明建设对碳排放强度的作用机制

我国承诺实现的"双碳"目标是在2030年前达到峰值，努力争取2060年前实现"碳中和"，然而"双碳"目标是一个国家发展到一定阶段的产物，"双碳"目标的实现，是由数量的积累推动质量的转变的过程，是一个加快经济发展循环的艰难过程。学者崔金丽[①]等梳理出了"双碳"目标实现过程中必经的5个重要拐点，即碳排放增速达峰拐点、碳排放增量达峰拐点、碳达峰拐点、碳汇增速达峰拐点以及碳排放净存量拐点。本书参考其研究成果并结合EKC曲线，绘制了"双碳"目标实现理论过程示意图（见图5-1）。首先可以肯定的是资源的有限性决定了环境容量存

① 崔金丽，朱德宝．"双碳"目标下的国土空间规划施策：逻辑关系与实现路径[J]. 规划师，2022，38（1）：5-11.

在极限，那么无论是碳源还是碳汇都不可能是无限增长的，加之受到政策、经济、人口、城镇化水平以及科学技术等的影响与共同作用，势必会在某一时点迎来峰值。同时，我国所倡导的生态文明建设不仅仅是对生态环境的改善与提升，更是生产和生活方式的绿色转变。学者张永生也指出目前关于碳中和的讨论聚焦在单一的减碳维度。尽管新能源和新技术突破是实现碳中和的前提，但将碳中和简化成一个能源替代问题或新技术问题的倾向，却是一个绿色工业文明思路，不是生态文明思路，难以真正实现碳中和目标背后更为根本的可持续发展目标[①]。因此，如何将“双碳”目标合理纳入生态文明建设的整体框架中，在自然资源开发、保护和治理等领域和推动发展循环经济的基础上，恢复生态系统的活力，即不仅要“减碳”，更要“增汇”，从而达到“高经济—低排放—高碳汇”，这是实现“碳中和”目标的关键所在。基于此，本书提出生态文明建设对碳排放强度的影响机制主要有“限制碳源”和“增加碳汇”两条路径（见图 5-2）。

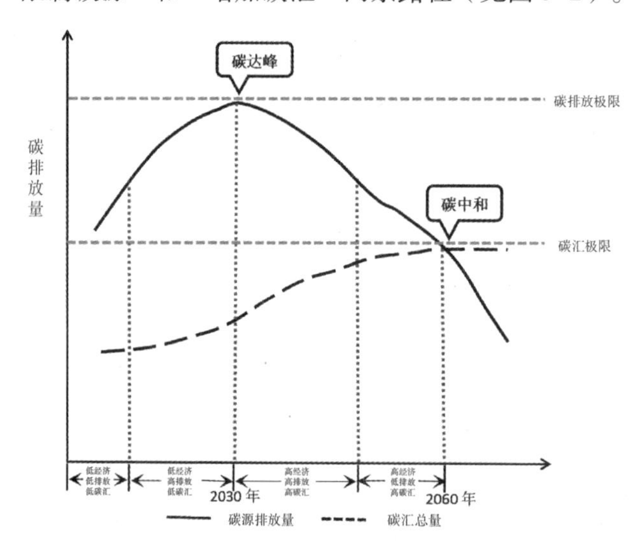

图 5-1 “双碳”目标实现理论过程示意图

① 张永生．为什么碳中和必须纳入生态文明建设整体布局：理论解释及其政策含义 [J]. 中国人口·资源与环境，2021，31（9）：6-15.

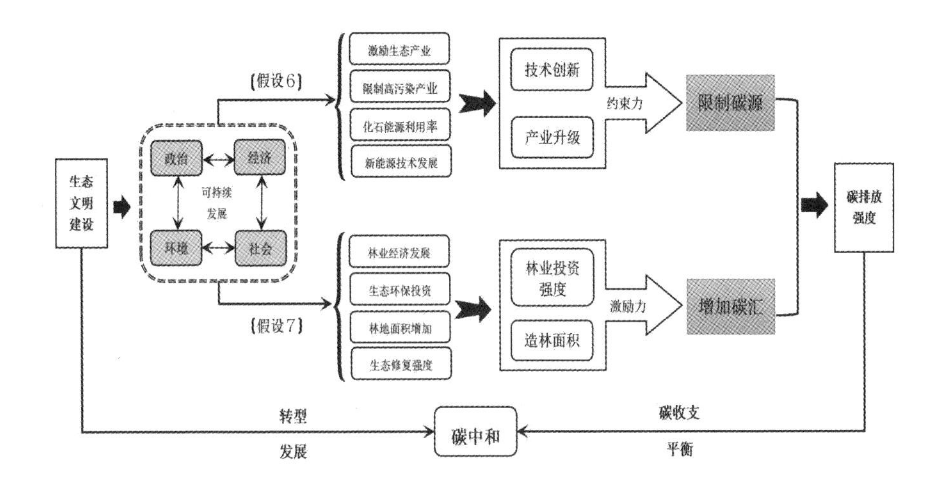

图 5–2　生态文明建设对碳排放强度影响的机理分析框架

首先，针对“限制碳源”这一路径，《联合国气候变化框架公约》将碳源定义为向大气中释放二氧化碳的过程、活动或机制。而人类经济生产活动包括商品的生产、分配和交换，即第一、第二、第三产业，是最主要的碳排放源之一[①]。因此，要限制碳源、减少碳排放量就必须从人类经济生产活动入手。已有研究表明，技术创新和产业结构升级对于推动我国低碳经济的发展具有重要意义，是实现碳减排的关键[②]。一方面，技术创新一般包括工艺创新与产品创新，工艺创新是对生产流程、工艺水平、要素配置等环节的优化升级；产品创新就是对原有产品的功能进行更新或开发。技术创新成果的应用使得企业的生产过程和生产的产品绿色化程度提升，促使资源的利用效率提高，新能源的开发与利用也有了更加广阔的应用前景，从而达到从源头减少碳排放量，抑制碳排放强度增加，实现可持续绿色发展的目的。另一方面，第一、第二、第三产业尤其是第二产业，涵盖了大

① 张巍. 区域碳补偿标准及额度研究 [J]. 统计与决策，2019，35（24）：55–58.

② 叶娟惠，叶阿忠. 科技创新、产业结构升级与碳排放的传导效应：基于半参数空间面板 VAR 模型 [J]. 技术经济，2022，41（10）：12–23.

量的高污染、高能耗企业，是影响碳排放的主要因素[①]。产业结构的提升促使产业发展向能源消耗较少的行业集中，从而逐步实现经济发展与二氧化碳“脱钩”，使我国的能源消费结构达到最优，还可以促进各行业之间生产要素的流动，促进资源的合理配置，推动企业的绿色转型，达到抑制碳排放增加的作用[②]。而在生态文明建设中，经济生态文明建设倡导发展绿色低碳经济，限制高能耗、高污染产业，鼓励生态产业，政治生态文明建设下政府、企业等都加大了对于科技环保等方面的投入，这也在一定程度上对产业结构和技术产生了影响。基于上述分析，本书提出以下假设：

H_6：针对限制碳源的传导路径，生态文明建设能够通过加快技术进步和产业升级抑制碳排放强度的提升。

其次，针对“增加碳汇”这一路径，碳汇主要是指自然生态系统通过对大气中的二氧化碳进行分解，并将碳固定在土壤或地表植被中，从而减少温室气体排放的过程，而陆地生态系统中森林是最主要的碳汇[③]。根据估算，每公顷林地每年能产出 1 吨左右的碳汇量，到 2050 年，国家的森林覆盖率将超过 26%，净增加 4700 万公顷，碳汇总量或将达到 7 亿吨[④]。由此可见，扩大林地面积有利于提高碳汇和减少二氧化碳排放量，一方面因为森林资源具有适应和应对气候变化的独特作用，利用森林来间接减少温室气体排放已经是国际上普遍采用的方法[⑤]。因此，应尽可能地在保护现有林地的基础上，合理适当地增加林地面积，如退耕还林、还草和植树造林等。同时，严格限制毁林开荒、乱砍滥伐等行为，充分发挥森林在“增

① 李健，周慧. 中国碳排放强度与产业结构的关联分析 [J]. 中国人口·资源与环境，2012，22（1）：7-14.

② 谢文倩，高康，余家凤. 数字经济、产业结构升级与碳排放 [J]. 统计与决策，2022，38（17）：114-118.

③ 张巍. 区域碳补偿标准及额度研究 [J]. 统计与决策，2019，35（24）：55-58.

④ 沈镭. 面向碳中和的中国自然资源安全保障与实现策略 [J]. 自然资源学报，2022，37(12)：3037-3048.

⑤ 张建龙 . 发展林业是应对气候变化的战略选择 [J]. 行政管理改革，2017（12）：38-43.

汇减排”中不可替代的重要作用。另一方面，尽管我国的森林碳汇潜力巨大，但目前仍面临可造林条件较差、造林费用较高，天然林保护、公益林管护、森林防火、病虫害防治工作任务繁重，但经费水平较低等困难。因此，建立“林业投资—林业增长—碳汇增加—碳汇交易—林业投资”的绿色循环，可以为全球尤其是发展中国家提供绿色发展的新模式和新路径[①]。而这也与生态文明建设中的环境生态文明建设和社会生态建设的目标不谋而合。基于上述分析，本书提出以下假设：

H_7：针对增加碳汇的传导路径，生态文明建设能够通过增加林业投资强度和造林面积抑制碳排放强度的提升。

第二节　研究内容与方法

一、研究内容

本文从生态文明建设与碳排放强度的相互关系出发，基于可持续发展理论、环境库兹涅茨曲线、空间相关性理论，以全国 30 个省份为例，以 2000—2020 年共计 21 年的面板数据为研究样本，通过研究我国生态文明建设对碳排放强度的非线性影响以及两者之间是否存在空间相关性，阐明生态文明建设对碳排放强度影响的传导机制，并根据实证结果提出节能减排、低碳转型的提升对策和空间治理政策。本文的研究内容主要分为以下几个方面：

1. 生态文明建设水平测度

首先，选取经济生态文明、政治生态文明、环境生态文明以及社会生态文明四个方面的指标构建测度指标体系；其次，通过熵权 TOPSIS 法对

---

① 刘珉，胡鞍钢. 中国打造世界最大林业碳汇市场（2020—2060 年）[J]. 新疆师范大学学报（哲学社会科学版），2022，43（4）：89-103+2.

研究期内的生态文明建设水平进行测度；最后，利用核密度曲线分析生态文明建设水平的时空分布特征与动态演进趋势。

2. 碳排放强度测度

首先，构建碳排放核算框架，核算碳源和碳汇；其次，运用 IPCC 排放因子法分别求得 6 个核算项目碳排放总量，加和得到我国净碳排放总量；最后，在此基础上求得 2000—2020 年我国 30 个省份碳排放强度，并利用标准差椭圆分析其时空分布特征与动态演进趋势。

3. 生态文明建设对碳排放强度的影响与作用机制

首先，综合考虑地理与经济因素，选用经济地理嵌套空间权重矩阵对碳排放强度的空间溢出效应进行分析；其次，借助 Moran's I 指数来进行碳排放强度的空间自相关检验；再次，构建 STIRPAT-SDM 模型探究生态文明建设对碳排放强度的影响并运用偏微分的方法进一步将空间杜宾模型结果分解为直接效应、间接效应，以探究生态文明建设对碳排放强度的空间溢出效应；最后，从限制碳源和增加碳汇两个角度出发，提出技术进步、产业升级、林业投资强度、造林面积四条作用路径，运用中介模型进一步揭示二者作用机制。

二、研究方法

1. 定性分析法

定性分析法就是指运用相关理论，借助对事物现象的总结、归纳、分析和研究，挖掘现象的深层内在机制。本文基于可持续发展理论、EKC 曲线以及空间相关性理论，对生态文明建设与碳排放强度之间的相互关系和作用机制等进行定性分析。通过定性分析，为本文的研究提供了相应的理论基础。

2. 定量分析法

定量分析是指在数理运算的基础上，借助研究社会现象的数量特征和变化，对其未来趋势进行分析、预测和解读。本文主要运用熵权 TOPSIS 模型计算生态文明建设水平，同时构建空间计量模型研究生态文明建设对碳排放强度的空间溢出效应，并采用偏微分法对结果进行分解，最后用中介模型检验生态文明建设对碳排放强度的影响机制。具体的模型方法见后文对应章节。

三、研究技术路线

研究框架和技术路线如图 5-3 所示。

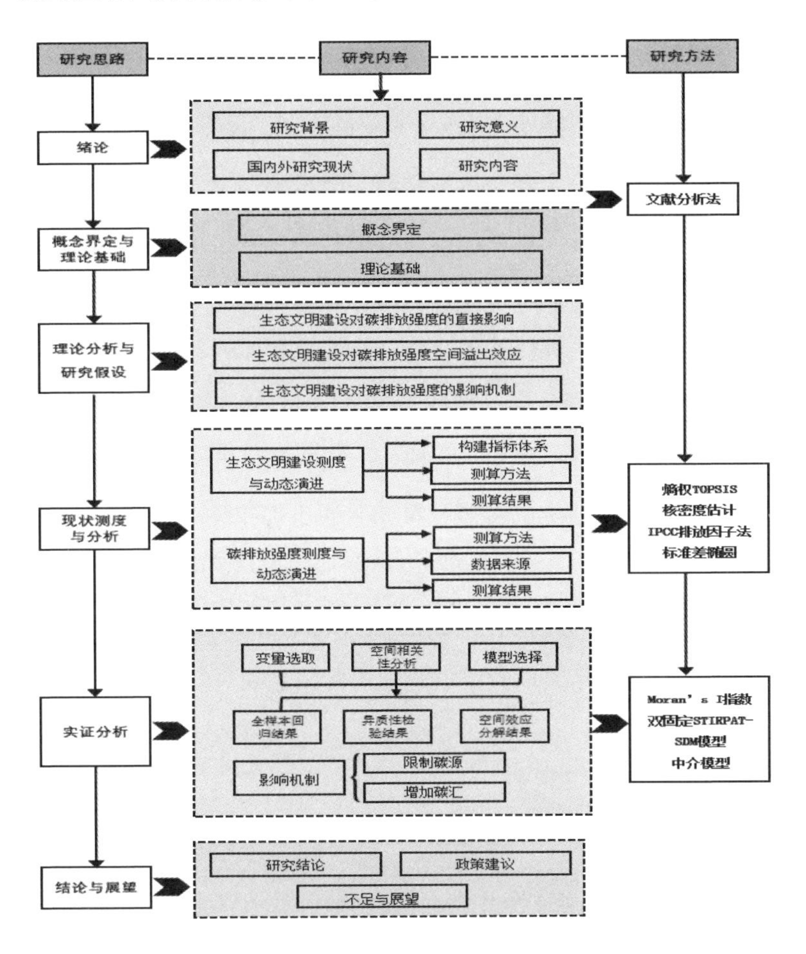

图 5-3　技术路线示意图

第三节 生态文明建设与碳排放强度现状测度

一、生态文明建设测度与动态演进

1. 指标体系构建

生态文明建设涵盖了政治、经济、社会等各个方面，国内外学者对于生态文明建设的水平测度主要使用的是综合指标法，但指标体系还未能实现真正意义上的统一。学者从不同的研究视角、主题和方法出发，构建了各种具有不同侧重点的指标体系。因此，本书从生态文明建设水平测度的系统性出发，遵循评价指标选取的时效性、代表性等原则：第一，基于本书对于生态文明建设的定义，并借鉴参考叶頔①、Ye②、苟廷佳③的研究成果，将生态文明建设分为经济生态文明、政治生态文明、环境生态文明以及社会生态文明 4 个方面；第二，结合中共中央办公厅、国务院办公厅印发的《生态文明建设目标评价考核办法》和国家发展和改革委员会发布的《生态文明建设评价指标体系》，建立指标数据库；第三，对相关指标进行整理、删减、增补等之后，构建了包含 17 个具体指标的生态文明建设水平测度指标体系，基本涵盖了我国生态文明建设的各个方面；第四，选择熵权法确定各评价指标的客观权重，并通过加权 TOPSIS 进行测算评价生态文明建设水平。

表 5-1 中 17 个指标的统计数据主要来源于 2000—2020 年《中国统计年鉴》、各省份统计年鉴以及国家统计局网站，缺失值采用线性插值法进

---

① 叶頔，蒋婧博，张文进，等. 中国省域生态文明建设进程区域差异化研究 [J]. 生态学报，2023，43（2）：1-21.

② YE D, ZHANG Y, LI Q, et al. Assessing the Spatiotemporal Development of Ecological Civilization for China's Sustainable Development[J]. Sustainability, 2022, 14（14）: 8776.

③ 苟廷佳，陆威文. 基于组合赋权 TOPSIS 模型的生态文明建设评价：以青海省为例 [J]. 统计与决策，2020，36（24）：57-60.

行补充。

表 5-1 生态文明建设水平测度指标体系构建

一级指标	二级指标	三级指标	单位	属性	权重
生态文明建设水平	经济生态文明	人均 GDP	元 / 人	+	0.105
		第三产业占 GDP 比重	%	+	0.044
		工业增加值占 GDP 比重	%	−	0.214
		单位 GDP 能耗	吨 / 万元	−	0.175
		单位 GDP 水耗	m^3/ 万元	−	0.014
	政治生态文明	教育支出占地方财政支出比重	%	+	0.005
		科技支出占地方财政支出比重	%	+	0.092
		环保支出占地方财政支出比重	%	+	0.018
		城乡事务支出占地方财政支出比重	%	+	0.055
	环境生态文明	森林覆盖率	%	+	0.051
		人均 SO_2 排放量	吨 / 万人	−	0.055
		自然保护区覆盖率	%	+	0.087
	社会生态文明	城市人口密度	人 /km^2	−	0.051
		人均公园绿地	m^2/ 人	+	0.023
		建成区绿化覆盖率	%	+	0.004
		垃圾无害化处理率	%	+	0.002
		用水普及率	%	+	0.006

在表 5-1 的基础上，本书对构建的指标体系进一步做出如下解释说明：

（1）经济生态文明

生态本底能够为经济社会发展提供充足的资源，即将天然的生态资源融入经济和社会发展之中，还能够为经济社会发展提供稳定的环境。因此，本书在探讨经济生态文明时，主要考虑选择人均 GDP、第三产业占 GDP 比重、工业增加值占 GDP 比重 3 个表征经济发展水平的指标和单位 GDP 能耗、单位 GDP 水耗两个表征资源消耗状况的指标，即生态经济文明并不只是一种经济发展水平的提升，它还要求在发展的过程中降低对资源和能源的消耗。

（2）政治生态文明

生态文明建设是关乎我国可持续发展的百年大计，党和政府始终肩负着建设人与自然和谐相处美丽中国的历史责任。因此，本书考察我国生态文明建设中政治生态文明子系统的水平重点放在有利于改善生态环境的财政支出项目，如有利于提升人们环保意识的教育支出、科技支出、环保支出以及城乡事务支出所占财政支出的比例来进行表示，从而从侧面反映出政府在生态文明建设中的重要作用。

（3）环境生态文明

要建设环境生态文明，就必须充分协调资源和环境与人们的需求之间的矛盾冲突问题，从而从本质上提升整体环境的水平。因此，选用能够反映资源丰度的森林覆盖率和自然保护区覆盖率，以及能够反映环境污染程度的人均二氧化硫排放量衡量环境生态文明水平。

（4）社会生态文明

社会生态文明是社会进步以及社会进步的同时生态环境也得到改善的过程，主要涉及的是人类生产生活区域，因而选取能够反映社会进步过程中的生态环境改善情况的城市人口密度、人均公园绿地、建成区绿化覆盖率以及反映区域宜居程度的垃圾无害化处理率、用水普及率共计 5 个指标加以表达。

2. 测算方法

（1）生态文明建设水平测度

目前，常用的评价方法包括层次分析法、模糊综合评价法、灰色关联度法等，但上述方法中大多数都无法避免主观因素的影响。熵权 TOPSIS 法结合了熵权法和 TOPSIS 法，先运用熵权法确定各评价指标的客观权重，然后通过加权 TOPSIS 进行测算评价，该方法能够通过客观赋权的方式避免主观因素的影响，且具有评价结果精度高、计算方法简便的优势。因此，本书选取熵权 TOPSIS 法对生态文明建设水平进行评价分析，其主要步骤如下：

第一步，建立原始数据矩阵。设定有 i 个待评价对象、j 个城市的生态文明建设评价指标，即原始数据矩阵如下：

$$R_{ij}=\begin{pmatrix} R_{11} & \cdots & R_{1m} \\ \vdots & \ddots & \vdots \\ R_{n1} & \cdots & R_{nm} \end{pmatrix}n\times m$$

式中：R_{ij}（i=1，2，…，nj=1，2，…，m），表示第 i 个评价对象在第 j 项指标的原始数值；R_{ij}（i=1，2，…，n）表示第 j 项指标的全部评价对象的列向量数据。

第二步，原始矩阵标准化处理。为了消除评价指标中类型不一致和量级不一致的影响，对原有指标进行标准化处理。

正向指标：

$$R_{ij}=\frac{x_{ij}-\min x_{ij}}{\max x_{ij}-\min x_{ij}}$$

负向指标：

$$R_{ij}=\frac{\max x_{ij}-x_{ij}}{\max x_{ij}-\min x_{ij}}$$

式中：r_{ij} 表示正向或负向指标值 X_{ij} 标准化结果；$\max x_{ij}$ 为第 j 个指标的最大值；$\min x_{ij}$ 分别为第 j 个指标的最小值。

第三步，熵权法加权生成新的标准化矩阵为 F，w_{ij} 表示矩阵 F 个指标的权重，即 $W_{ij}=r_{ij}/\sum_{i=1}^{n}r_{ij}$。令 e_j 是第 j 个评价指标的信息熵值，则各个评价指标的权重系数 $W_{ij}=(1-e_j)/\sum_{j=1}^{m}(1-e_j)$，式中，$0\leqslant w_{ij}\leqslant 1$，$\sum_{j=1}^{m}W_{ij}=1$，加权规范矩阵 F 如下：

$$F=w_j\times F=\begin{pmatrix} w_1r_{11} & \cdots & w_mr_{1m} \\ \vdots & \ddots & \vdots \\ w_1r_{n1} & \cdots & w_mr_{nm} \end{pmatrix}=\begin{pmatrix} z_1 & \cdots & z_{1m} \\ \vdots & \ddots & \vdots \\ z_{n1} & \cdots & z_m \end{pmatrix}$$

第四步，根据加权标准化矩阵确定正理想解 V_j^+ 和负理想解 V_j^-。正理想解 V_j^+ 表示评价指标的最大值，负理想解 V_j^- 表示评价指标的最小值，公式为：

$$V_j^+=\{\max V_{ij}|\ j=1,\ 2,\ \cdots,\ n\}$$

$$V_j^-=\{\max V_{ij}|\ j=1,\ 2,\ \cdots,\ n\}$$

第五步，计算评价对象与正理想解、负理想解之间的欧氏距离。

$$D_j^+=\sqrt{\sum_{j=1}^{m}\left(V_{ij}-V_j^+\right)^2}$$

$$D_j^-=\sqrt{\sum_{j=1}^{m}\left(V_{ij}-V_j^-\right)^2}$$

第六步，计算每个评价对象与理想解之间的相对接近程度，公式如下：

$$C_i=\frac{D_j^-}{D_j^++D_j^-},\ 0\leqslant C_i\leqslant 1$$

式中，C_i 表示生态文明建设水平与最优解之间的接近程度，其取值范围在 [0，1] 之间。C_i 越靠近 0，表示生态文明建设水平越低；越靠近 1，则表示生态文明建设水平越高；当 C_i=1 时，表明生态文明建设水平达到最优。

（2）生态文明建设水平动态演进测度

核密度估计法是由学者 Rosenblatt 和 Emanuel Parzen 提出来的，它是用于估计概率密度函数的一种非参数检验方法，可以基于有限的样本数量对评价对象的总体演进趋势进行推断。相比于变异系数法、泰尔指数等方法，其优点在于无须对参数模型做任何假设，也能从样本数据本身的属性特征去探究数据的分布特征，本质为用连续的密度函数曲线来刻画评价对象的分布形态和时间演化趋势[①]。基于此，本书为揭示我国生态文明建设水平的地域差异程度以及区域差异的动态演进趋势，采用核密度估计法深入探究我国30个省生态文明建设的时序演进特征和规律。其公式为：

$$f(x) = \frac{1}{nh}\sum_{i-1}^{n} k\left(\frac{x_i - x}{h}\right)$$

式中：n 为样本数量；h 为宽带；k 为核函数；x_i 为样本属性值。

3. 结果分析

（1）生态文明建设水平测度结果分析

本书采用熵权TOPSIS法对生态文明建设水平各评价指标进行相关测算后，根据测算结果（见表5–2），对我国2000—2020年30个省市区（不包含西藏、港澳台地区）的生态文明建设水平的现状进行相关分析。

表5–2　全国30个省份2000—2020年生态文明建设水平描述性统计

年份	最小值	最大值	平均值	标准差
2000	0.366	0.515	0.424	0.033
2001	0.370	0.512	0.425	0.034
2002	0.366	0.523	0.423	0.038
2003	0.333	0.530	0.422	0.045
2004	0.307	0.532	0.424	0.049
2005	0.306	0.574	0.426	0.052
2006	0.301	0.571	0.403	0.055

① 卢新海，杨喜，陈泽秀. 中国城市土地绿色利用效率测度及其时空演变特征[J]. 中国人口·资源与环境，2020，30（8）：83–91.

（续表）

年份	最小值	最大值	平均值	标准差
2007	0.312	0.558	0.417	0.056
2008	0.311	0.562	0.419	0.057
2009	0.322	0.583	0.423	0.059
2010	0.323	0.591	0.426	0.057
2011	0.326	0.579	0.428	0.057
2012	0.333	0.582	0.432	0.056
2013	0.337	0.592	0.440	0.057
2014	0.341	0.624	0.445	0.057
2015	0.346	0.617	0.450	0.054
2016	0.362	0.618	0.460	0.053
2017	0.384	0.636	0.467	0.054
2018	0.388	0.649	0.471	0.056
2019	0.391	0.647	0.475	0.057
2020	0.390	0.636	0.469	0.052

①全国生态文明建设水平

首先从全国 30 个省市区生态文明建设水平整体来看，2000—2020 年中国 30 个省份的生态文明建设水平的最小值、最大值、平均值都呈现增提上升的趋势，表明在研究期内，我国生态文明建设水平不断提升。其中，2000—2006 年，生态文明建设水平有小幅降低，但 2007 年，党的十七大首次提出把建设生态文明作为实现全面建设小康社会的奋斗目标后，生态文明建设水平逐步回升，各省平均值从 2000 年的 0.424 升至 2020 年的 0.469，标准差从 2000 年的 0.033 升至 2009 年的 0.059，随后又下降到 2020 年的 0.052，表明我国 30 个省份之间的生态文明建设水平虽有波动，但总体表现为各省之间的生态文明建设水平离散程度逐渐降低的趋势。

②地区生态文明建设水平

生态文明建设水平的最小值、最大值、平均值以及标准差虽可以从整体上考察 30 个省份的时间变化的总体趋势，但无法从更为具体的城市个体空间分布格局描绘各城市间的差异。同时，由于生态文明建设水平为多指标合成值，数值小且不易于观察，因此，为了更加清晰直观地观测 30 个省份的生态文明建设水平差异以及二维时空特征，本书基于 ArcGIS10.2 软件的空间可视化功能，截取 2000 年、2005 年、2010 年、2015 年、2020 年共计 5 个时间节点的生态文明建设水平评价结果，利用自然断点法进行定级分类，进一步分析 30 个省份在省级层面上的生态文明建设水平的时空分布。

分析结果表明，2000 年，生态文明建设水平较高的城市主要集中在东部地区如广东省、福建省、浙江省，以及北部地区的黑龙江省，相对而言，其余省市如西部地区的青海省、甘肃省等生态文明建设水平相对较低，表现为“中间低，两边高”的空间分布格局。2005 年以后，全国各省份的生态文明水平得到了普遍提升，主要表现为北京、青海、江苏等各个城市的水平都呈现上升趋势，需说明的是，北京的生态文明建设水平较为突出可能是由于它是我国的经济政治中心。截至 2020 年，生态文明建设水平达到 0.5 以上的城市明显增多，中西部地区与东部地区城市的生态文明建设水平差距明显缩小，两极分化趋势逐渐减弱。出现以上情况，本书分析认为，这与各城市间的资源本底、产业结构、经济基础等有着密切联系。东部地区沿海城市如广东、浙江、福建、江苏等地区，本身经济社会发展水平相对领先，在进行生态文明建设过程中拥有西部地区城市更为优势的经济社会条件。加之近年来，东部地区的城市开始进行产业结构调整升级，中西部的城市承接了大部分产业转移，虽在一定程度上推动了经济发展，但生态环境质量也受到一定影响。综上所述，我国 30 个省份的生态文明建设水平在研究期内均表现为上升趋势，各省市间的差距虽不断缩小但整体空间格局上东部地区城市的生态文明建设水平仍领先于中西部地区的城市，总体水平由东向西逐步下降，区域发展不平衡、不协调问题依然存在。

（2）生态文明建设水平动态演进分析

根据上文选取的核密度估计法以及生态文明建设水平的测度结果，运用 Stata 16.0 软件，选取 2000 年、2005 年、2010 年、2015 年、2020 年共计 5 个时间截面数据勾画核密度曲线，如图 5–4 所示。从图中可以看出，首先就我国 30 个省份整体而言，核密度曲线的总体分布及变化区间在研究期内整体呈现向右移动的趋势，表明我国生态文明建设水平整体呈现不断上升的演化趋势；从波峰来看，波峰的宽度呈现一个先拓宽再收窄的变化趋势，同时波峰的高度同样表现为先降低再上升的特点，总体表现为下降，这表明各城市之间生态文明建设水平的绝对差距变化较明显，区域差异呈现缩小趋势；从延伸性来看，曲线左侧拖尾并不明显，而相对来说右侧拖尾较为突出，2015—2020 年右侧拖尾有上升的趋势，表明高值区的生态文明建设水平和高值区的比重得到了提高；最后，波峰演进过程中始终呈现较为明显的单峰态势，即说明各省两极或多极化态势并不显著，整体发展协调性较好。综上所述可以看出，研究期内 30 个省份间的生态文明建设水平稳步上升，在区域差异和多极分化等方面发展态势逐渐缩小，与上文各省份生态文明建设水平的时空分布结果一致。

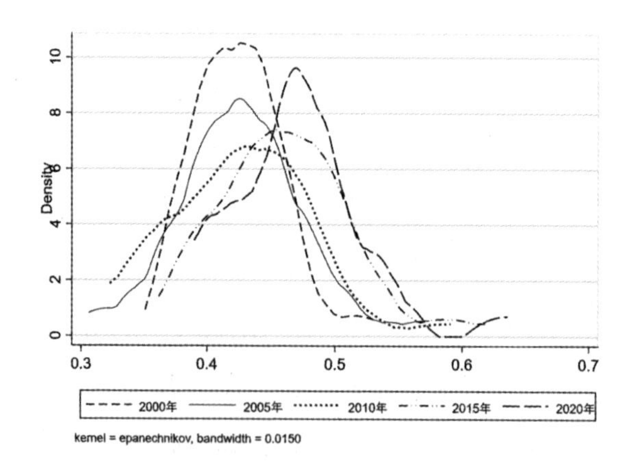

图 5–4 2000—2020 年全国 30 个省份生态文明建设水平核密度曲线

二、中国碳排放强度测度与动态演进

1. 测算方法

（1）碳排放强度核算

通常，大部分的研究都是基于“碳排放”，但相对于“碳排放”，采用“碳排放强度”来进行碳相关研究，既可以探讨区域内经济发展与碳排放之间的联系，又可以提高各区域内的碳排放空间可比性。因此，通过参考借鉴邝嫦娥[①]、李硕硕[②]、王少剑[③]等的相关研究，并结合碳排放强度的定义，其计算公式为：

$$CI = C/GDP$$

式中：*CI* 为碳排放强度；*C* 为碳排放总量；为避免和消除价格波动的影响，此处的 *GDP* 为实际 GDP，以 2000 年为基期对其进行修正。

（2）碳排放总量核算

碳排放总量核算是对有效实施不同的碳减排措施和向绿色经济转型的重要前提，同时也是对积极参与应对气候变化的国际谈判的重要支持。碳核算提供了对碳排放的直接衡量的量化方式，并允许通过对不同环节的碳排放数据进行分析，以确定潜在的各个碳排放项目之间的联系和缓解方式，这对于实现“双碳”目标具有至关重要的作用与意义。“碳排放”是温室气体排放的简称，它包含二氧化碳、水蒸气、氧化亚氮、甲烷、臭氧等多

---

① 邝嫦娥，李文意，黄小丝．长江中游城市群碳排放强度与经济高质量发展耦合协调的时空演变及驱动因素 [J]. 经济地理，2022，42（8）：30-40.

② 李硕硕，刘耀彬，骆康．环鄱阳湖县域新型城镇化对碳排放强度的空间溢出效应 [J]. 资源科学，2022，44（7）：1449-1462.

③ 王少剑，黄永源．中国城市碳排放强度的空间溢出效应及驱动因素 [J]. 地理学报，2019，74（6）：1131-1148.

种自然或人为产生的气体，而其中二氧化碳是最主要的温室气体[①]。为了应对全世界共同面临的生态气候危机，1988 年，世界气象组织 (WMO) 及联合国环境规划署 (UNEP) 共同成立了一个名为“IPCC”的政府间机构。由其组织编写的以《2006 IPCC 国家温室气体清单指南》为基础的《IPCC 2006 年国家温室气体清单指南（2019 修订版）》是关于碳排放核算的最新且应用最为广泛的方法和依据。

此外值得注意的是，现有研究关于碳排放量的核算大多采用能源消费产生的碳排放量表征总体碳排放量，但这种核算方式下的碳排放总量可能会与实际排放量存在偏差。鉴于此，本书在参考该指南以及相关学者的研究成果[②③]，并综合考虑现实情况以及数据的可得性，对现有温室气体清单包含的能源、工业过程和产品使用、农林业和其他土地利用以及废弃物 4 部分内容进行二次细化分解，整理构建了碳排放核算框架，主要包括化石能源消费、工业生产活动、农业生产活动、土地利用变化、废弃物处理、生物呼吸作用 6 个方面，如图 5-5 所示。

---

① IPCC. Climate Change and Land: An IPCC Special Report on Climate Change, Desertification, Land Degradation,Sustainable Land Management, Food Security, and Greenhouse Gas Fluxes in Terrestrial Ecosystems[EB/OL]. https://www.ipcc.ch/srccl/chapter/summaryfor-policymakers/,2019-09-16.

② 赵荣钦，黄贤金，高珊，等. 江苏省碳排放清单测算及减排潜力分析 [J]. 地域研究与开发，2013，32（2）：109-115.

③ 闫凤英，宫远山，杨一苇. 碳减排目标下县域国土空间规划的思路与方法探索 [J]. 城市发展研究，2022，29（5）：119-128.

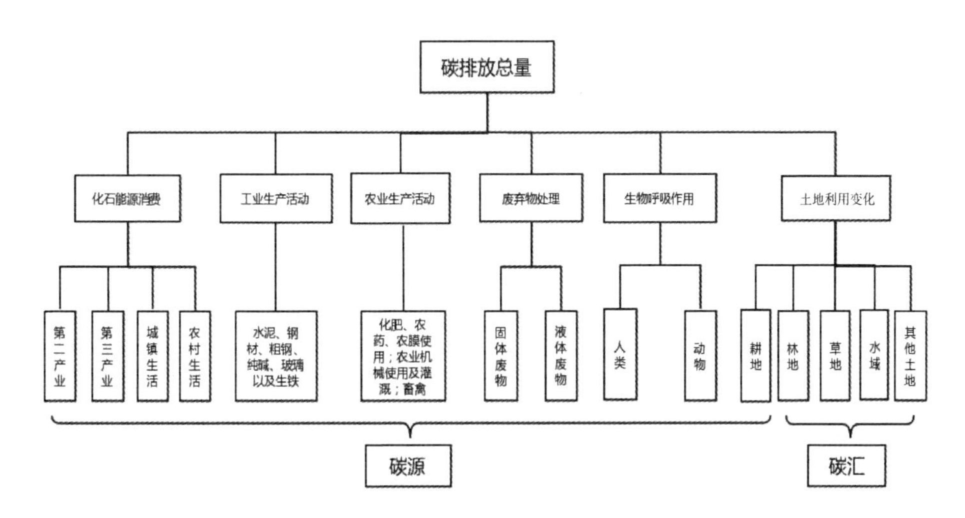

图 5–5　净碳排放总量核算框架

①化石能源消费

温室气体排放引起的变化受到了国际社会的广泛关注，而就目前能源的使用现状来看，化石能源如煤炭、石油、天然气等是全世界消费的主要能源，因此，化石能源消耗是自 1870 年以来的主要贡献来源，与化石能源有关的温室气体排放占总排放的 70%，主要来自化石燃料燃烧，其中二氧化碳约占整个大气温室效应的 55%①。而涉及化石能源消费的主要包括农业、工业、建筑业、交通运输业、服务业、居民生活和其他②，这里将其归并为第二产业、第三产业、城镇生活以及农村生活 4 个方面。鉴于此，本书从这四方面出发，对以化石能源为主导的碳排放量进行核算。需要说明的是，为了避免重复计算，此处评估的是与能源相关的化石燃烧的二氧化碳排放量，而不考虑与工艺相关产品制作的使用以及非燃烧用途的化石燃料消费。利用政府间气候变化专门委员会（IPCC）于 2006 年和 2019 年

① Intergovernmental Panel on Climate Change（IPCC）. Climate change 2007: the Physical Science Basis[EB/OL]. http://www.ipcc.ch/report/ar4/wg1/.

② 李倩，曹国良，董灿，等. 基于情景分析的中国大陆 SO_2、NO_x 排放清单预测研究 [J]. 环境污染与防治，2015，37（9）：9–15，19.

提出的碳排放量估算方法，计算包括原煤、洗精煤、焦炭、原油、汽油、煤油、柴油、燃料油、液化石油气、天然气等化石能源消耗的碳排放量。本书根据我国实际化石能源消费情况及数据的可获得性，选取 9 种能源进行核算（见表 5–3），计算公式如下：

$$C_e = \sum_{i=1}^{n} E_i \times \varepsilon_i \times K_i \times \frac{44}{12}$$

其中：C_e 表示化石能源消费碳排放总量；n 表示能源数；i 表示能源类型；ε_i 表示第 i 类能源的标准煤折算系数；K_i 表示第 i 类能源的碳排放系数，也就是各类能源的碳含量、平均低位发热值与碳氧化率三者的乘积；44/12 是 CO_2 与 C 的化学分子量之比。各能源的标准煤折算系数和碳排放系数如表 5–3 所示。

表 5–3 各类能源标准煤折算系数及碳排放系数

能源名称	标准煤折算系数（104tce/104t）	碳排放系数（104t/104tce）
原煤	0.714	0.756
洗精煤	0.900	0.756
焦 炭	0.971	0.855
原 油	1.429	0.586
汽 油	1.471	0.554
煤 油	1.471	0.571
柴 油	1.457	0.592
燃料油	1.429	0.619
天然气	1.33tce/103m^3	0.448

注：各能源类型碳排放系数和标准煤折算系数主要参照《IPCC 国家温室气体清单指南》、《综合能耗计算通则》（GB/T 2589—2020）和《省级温室气体清单编制指南》。

②工业生产活动

由于中间产品的交换，各个产业部门之间都有相互的生产和消费行为，所以工业生产活动产生的碳排放较为复杂。在工业生产过程中燃烧化石能源产生的温室气体排放，本文将其归并到化石能源消费的碳排放计算中，而本小节则是将工业生产的工业工艺产品（如水泥、石灰、钢铁、玻璃、纯碱等）所产生的温室气体排放纳入工业生产活动碳排放的计算范围中。计算公式如下：

$$C_I=\sum_{i=1}^{n}Q_i\times F_i$$

其中：C_I 表示工业生产活动碳排放总量；n 表示工业产品数；i 表示工业产品类型；Q_i 表示第 i 种工业产品的产量；F_i 表示第 i 类工业产品的碳排放系数。各类工业产品的碳排放系数[①②③④]如表 5–4 所示。

表 5–4　各类工业产品的碳排放系数

产品名称	水泥	钢材	粗钢	纯碱	玻璃	生铁
碳排放系数（t/t）	0.136	1.789	1.060	0.138	0.210	1.350

③农业生产活动

与工业生产活动类似，农业生产活动也会产生碳排放。农业生产活动的碳排放主要涵盖农作物的种植活动以及畜牧业。农作物种植的碳排放主

① 李倩，曹国良，董灿，等. 基于情景分析的中国大陆 SO_2、NOx 排放清单预测研究 [J]. 环境污染与防治，2015，37（9）：9–15，19.

② 方精云，刘国华，徐嵩龄. 我国森林植被的生物量和净生产量 [J]. 生态学报，1996（5）：497–508.

③ 赵荣钦，黄贤金，彭补拙. 南京城市系统碳循环与碳平衡分析 [J]. 地理学报，2012，67（6）：758–770.

④ 匡耀求，欧阳婷萍，邹毅，等. 广东省碳源碳汇现状评估及增加碳汇潜力分析 [J]. 中国人口·资源与环境，2010，20（12）：56–61.

要来源于化肥、农药、农膜的使用，水稻等作物的种植，以及农业种植、灌溉等过程中农业机械的使用；畜禽业则表现为畜禽等动物的肠道发酵和粪便排放所产生的 CH_4 和 N_2O[①②]。借鉴相关学者的研究成果，农业生产活动碳排放计算方式如下：

$$C_A = C_{nh} + C_{mi} + C_{cm}$$

式中：C_A 表示农业生产活动总碳排放量；C_{nh} 表示化肥、农药、农膜使用和稻田产生碳排放总量；C_{ma} 表示农业机械使用产生的碳排放总量；C_{cm} 表示畜禽业产生的碳排放总量。

化肥、农药、农膜使用产生的碳排放计算公式：

$$C_{nh} = \sum T_i \times F_i$$

式中：C_{nh} 为碳排放量；T_i 分别为化肥、农药、农膜的使用量以及水稻的种植面积；F_i 为其对应的碳排放系数。化肥、农药、农膜和稻田的碳排放系数[③]分别取值 0.8956（kg C/kg）、4.9341（kg C/kg）、5.18（kg C/kg）、16.47（kg C/hm^{-2}）。

农业机械使用及灌溉产生的碳排放计算公式：

$$C_{mi} = S_m \times r + S_i \times p$$

式中：C_{mi} 为碳排放量；S_m 为农业机械总动力；r 为机械总动力排放系数；S_i 为灌溉总面积，p 为灌溉排放系数。r 和 p 分别取值 0.18（kg C/kW）、

---

① 蔡博峰，刘春兰，陈操操，等. 城市温室气体清单研究 [M]. 北京：化学工业出版社，2009.

② 黄祖辉，米松华. 农业碳足迹研究：以浙江省为例 [J]. 农业经济问题，2011（11）：40−47.

③ RAN J. Comparison of greenhouse gas emission accounting methods for steel production in China[J]. Journal of Cleaner Production，2014，83：165−172.

266.48（kg C/hm^{-2}）[①]。

畜禽业产生的碳排放计算公式为：

$$C_{cm}=\sum_{i=1}^{6}C_{it}=\sum_{i=1}^{6}\left[6.82\times a_{it}\times\left(y_{i}+t_{i}\right)+81.27\times a_{it}\times x_{i}\right]$$

式中：C_{cm} 为畜禽业碳排放量；C_{it} 为第 i 类动物第 t 年的碳排放量；a_{it} 为第 i 类畜禽 t 年的数量；y_i 为肠道发酵 CH_4 的排放系数；t_i 为粪便排放 CH_4 的排放系数；x_i 为粪便排放 N_2O 的系数。

由于畜禽的肠道发酵和粪便排放所产生的温室气体为 CH_4 和 N_2O，与碳的化学性质存在差异，因此参考黄木易等[②]将畜禽业排放核算结果以碳排放当量表示，并据全球变暖潜势差异，1 吨 CH_4 引发的温室效应约等于 6.82 吨碳引发的温室效应，1 吨 N_2O 引发的温室效应约等于 81.27 吨碳引发的温室效应。需说明的是，本书测算的畜禽主要指的是体形较大且在研究区分布较广的大体形反刍动物，即牛、猪、羊、马、骡、驴，且由于数据计算复杂，此处对于不同动物的生长周期不做考虑，均设为 365 天。具体畜禽的碳排放系数[③④]如表 5-5 所示。

---

① 田成诗，陈雨. 中国省际农业碳排放测算及低碳化水平评价：基于衍生指标与 TOPSIS 法的运用 [J]. 自然资源学报，2021，36（2）：395-410.

② WEST T O, MARLAND G. A synthesis of carbon sequestration, carbon emissions and net carbon flux in agriculture: Comparing tillage practices in the United States [J]. Agriculture, Ecosystems & Environment，2002，91（1-3）：217-232.

③ 黄木易，岳文泽，何翔. 长江经济带城市扩张与经济增长脱钩关系及其空间异质性 [J]. 自然资源学报，2018，33（2）：219-232.

④ 冉锦成，苏洋，胡金凤，等. 新疆畜牧养殖经济效益与碳排放脱钩关系的实证研究 [J]. 中国农业资源与区划，2017，38（1）：17-23.

表 5–5 各类畜禽的碳排放系数

畜禽名称	肠道发酵	粪便排放	
	CH_4（kg/头·a）	CH_4（kg/头·a）	N_2O（kg/头·a）
牛	47	1	1.39
马	18	1.64	1.39
驴	10	0.9	1.39
骡	10	0.9	1.39
猪	1	3.5	0.53
山羊	5	0.17	0.33
绵羊	5	0.15	1.39

④土地利用变化

一般而言，土地利用碳排放的测算分为直接碳排放和间接碳排放。直接碳排放测算主要是指耕地、园地、林地、草地、水域和未利用地 6 种用地类型的测算，而间接碳排放测算则是指包含了化石能源消费和人类活动的建设用地排放量的测算[①]。依据本文构建的碳排放测算框架，建设用地所承载的间接碳排放归并到化石能源消费等项目中进行核算，此处核算的是土地利用的直接碳排放。计算公式为：

$$C_L = \sum A_i \times f_i$$

式中：C_L 为土地利用碳排放总量；A_i 为第 i 种土地利用类型；f_i 为第 i 种土地利用类型的碳排放系数。

同时，根据现有研究，耕地、园地、林地、草地、水域和未利用地

① 姚成胜，钱双双，李政通，等. 中国省际畜牧业碳排放测度及时空演化机制 [J]. 资源科学，2017，39（4）：698–712.

的碳排放量在较长时期内变化不大[①]。因此，综合研究区域实际情况以及参考借鉴相关学者研究成果，选取各类用地类型的碳排放系数[②]如表 5-6 所示。

表 5-6 各类土地类型的碳排放系数

地类名称	碳排放系数（t/hm^2）
耕地	0.422
园地	−0.073
林地	−0.644
草地	−0.021
水域湿地	−0.253
未利用地	−0.005

⑤废弃物的处理

废弃物产生的碳排放一般源于两类。一类是固体废物，固体废物的处理方式主要为焚烧和填埋，其中焚烧释放的温室气体是 CO_2，填埋释放的是 CH_4。第二类为液体废物，包含生活污水和工业污水，主要释放 CH_4。参考相关学者的研究成果，其计算公式如下：

$$C_f = S_b \times 0.99945 \times 45\% + S_t \times 0.167 \times 28.5\% + S_w \times 0.25 \times \frac{12}{16}$$

式中：C_f 为废弃物碳排放总量；S_b 为固体废物焚烧量；S_t 为固体废物填埋量；0.99945（kg C/kg）和 0.167（kg CH_4/kg）分别为 CO_2 和 CH_4 的碳排放因子；45% 和 28.5% 分别为固体废物的含碳率和含水率；S_w 为废水排放总量；0.25（kg CH_4/kg）为单位废水的 CH_4 排放因子；12/16 为 CH_4 的含碳量转化系数。

① 魏燕茹，陈松林．福建省土地利用碳排放空间关联性与碳平衡分区 [J]. 生态学报，2021，41（14）：5814−5824.

② 赖力．中国土地利用的碳排放效应研究 [D]．南京：南京大学，2010.

⑥生物呼吸作用

生物呼吸作用产生的碳排放主要考虑的对象为人和动物。需说明的是，为避免重复计算，关于动物呼吸产生的碳排放纳入生物呼吸作用中进行计算，未纳入农业生产活动碳排放计算中。参考赵荣钦[①]、匡耀求[②]的研究成果，生物呼吸作用的碳排放计算公式为：

$$C_B=\sum_i N_i \times V_i$$

人均年呼吸量参数为 0.079（t C/・a）。动物呼吸的碳排放主要考虑猪、牛、羊这一类大型动物，碳排放系数分别采用 0.082（t C/ 头・a）、0.796（t C/ 头・a）和 0.042t（C/ 头・a），其他动物（如鸡、鸭、兔）的体形较小或缺乏呼吸相关的经验参数，本书忽略不计。

（3）碳排放强度动态演进分析

Lefever[③] 于 1926 年首先提出了标准偏差椭圆这种空间数据的统计分析方法，它可以用来揭示数据在空间上随着时间的分布特征以及演进趋势。其中，椭圆的长半轴表示数据分布的方向，短半轴表示数据分布的范围。而重心即整个数据的中心位置，一般来说与算术平均数的位置基本一致。其计算公式如下：

$$X=\frac{\sum_{i=1}^{n} CI_i X_i}{\sum_{i=1}^{n} CI_i};\quad Y=\frac{\sum_{i=1}^{n} CI_i Y_i}{\sum_{i=1}^{n} CI_i}$$

---

① 赵荣钦，黄贤金，彭补拙. 南京城市系统碳循环与碳平衡分析 [J]. 地理学报，2012，67（6）：758-770.

② 匡耀求，欧阳婷萍，邹毅，等. 广东省碳源碳汇现状评估及增加碳汇潜力分析 [J]. 中国人口・资源与环境，2010，20（12）：56-61.

③ LEFEVER D W. Measuring geographic concentration by means of the standard deviational ellipse[J]. American Journal of Sociology, 1926, 32（1）:88 – 94.

$$\beta_x=\sqrt{\frac{\sum_{i=1}^{n}\left(CI_iX_i^*\cos\theta-CI_iY_i^*\sin\theta\right)^2}{\sum_{i=1}^{n}CI_i^2}};\beta_y=\sqrt{\frac{\sum_{i=1}^{n}\left(CI_iX_i^*\sin\theta-CI_iY_i^*\cos\theta\right)^2}{\sum_{i=1}^{n}CI_i^2}}$$

$$\tan\theta=\frac{\left(\sum_{i=1}^{n}CI_i^2X_i^{*2}-\sum_{i=1}^{n}CI_i^2Y_i^{*2}\right)+\sqrt{\left(\sum_{i=1}^{n}CI_i^2X_i^{*2}-\sum_{i=1}^{n}CI_i^2Y_i^{*2}\right)-4\sum_{i=1}^{n}CI_i^2X_i^{*2}Y_i^{*2}}}{2\sum_{i=1}^{n}CI_i^2X_i^*Y_i^*}$$

式中：（X，Y）为碳排放强度的重心坐标；（X_i，Y_i）为研究地区的空间坐标；（X_i^*、Y_i^*）为研究区域内各点距离碳排放强度重心的相对坐标；CI_i 为各地区碳排放强度值；β_x、β_y 分别为沿 X 轴、Y 轴的标准差；$\tan\theta$ 为偏转角度。

2. 数据来源

关于碳排放和碳排放强度的测度涉及煤炭、石油、天然气等化石能源消费量，水泥、玻璃等工业产品产量，农药、农膜、机械动力等，焚烧、填埋废弃物和废水总量，猪、牛、羊和常住人口总量等。统计数据主要来自 2000—2020 年《中国统计年鉴》、《中国能源统计年鉴》、各省份统计年鉴以及国家统计局网站，部分缺失值采用线性插值法进行补充。

需特别说明的是，在土地利用的碳排放核算时用到的全国 30 个省份 2000—2020 年的土地利用数据来源于武汉大学杨杰、黄昕两位教授基于 GEE 可获得的 Landsat 数据解译而成的土地覆被数据集（CLCD），该数据集基于 5463 个目视解译样本，精度为 30 米，总体准确率达到 80%[①]。该数据集最大的优势在于拥有每年 30 米的土地利用分类结果，且连续 30 年。这与 GLC_FCS30、Global30、AGLC2000_2015、FROM-GLC10、ESA10、ESRI10 等产品相比，时间分辨率更高。

① YANG J,HUANG X.The 30 m annual land cover dataset and its dynamics in China from 1990 to 2019[J]. Earth System Science Data, 2021, 13（8）：3907-3925.

3. 结果分析

（1）碳排放总量核算结果

①化石能源消费

根据公式，同时考虑数据的可获得性，最终选取原煤、洗精煤、焦炭、原油、汽油、煤油、柴油、燃料油、天然气共计 9 类主要化石能源消费类型的消费量产生的碳排放量代表我国化石能源消费的碳排放量，从而对全国 30 个省份（由于缺乏数据，不包含西藏、港澳台地区）的能源消费碳排放进行估算。受篇幅限制，2000—2020 年历年 30 个省份能源消费碳排放量详见附表 1。

②工业生产活动

根据我国工业生产的特点以及考虑相关数据的可获得性，利用工业生产活动的碳排放计算公式，对我国 30 个省份的主要工业生产活动包括水泥、钢材、粗钢、纯碱、玻璃以及生铁共计 6 种主要工业产品的碳排放量进行核算。受篇幅限制，2000—2020 年历年 30 个省份工业生产活动排放量详见附表 2。

③农业生产活动

根据我国农业生产的特点以及考虑相关数据的可获得性，利用农业生产活动的碳排放计算公式，对我国 30 个省份的主要农业生产活动包括农作物种植化肥、农药、农膜的使用，稻谷等作物的种植以及农业种植、灌溉等过程中农业机械的使用，畜禽等动物的肠道发酵和粪便排放的碳排放量进行核算。受篇幅限制，2000—2020 年历年 30 个省份农业生产活动碳排放量详见附表 3。

④土地利用

本书采用武汉大学杨杰、黄昕两位教授的土地利用数据研究成果，首先利用 ArcGIS10.2 获取到了中国 30 个省份 2000—2020 年包括耕地、灌木林、森林、草地、水域、冰川、裸地、建设用地及湿地的面积，然后将这

9种地类按照现有国土空间用地分类规则二次归类为耕地、林地（含灌木林、森林）、草地、建设用地、水域湿地、未利用地（含冰川、裸地），最后根据土地利用碳排放的计算公式，对30个省份的各用地类型碳排放量进行核算。受篇幅限制，2000—2020年历年30个省份土地利用碳排放量详见附表4。

⑤废弃物的处理

根据我国废弃物处理方式以及考虑相关数据的可获得性，本书对垃圾焚烧、填埋以及废水处理的化学需氧量所产生的碳排放进行了核算。受篇幅限制，2000—2020年历年30个省份农业生产活动碳排放量详见附表5。

⑥生物呼吸作用

根据我国主要的生物品种以及考虑相关数据的可获得性，最终选取牛、猪、羊等大型动物的呼吸碳排放量，其他动物（如鸡、鸭、兔）的体形较小或缺乏呼吸相关的经验参数故此处未纳入计算，人口数量来源于中国统计局中的常住人口数量。受篇幅限制，2000—2020年历年30个省份生物呼吸碳排放量详见附表6。

⑦综合净碳排放总量

综合以上6类碳排放核算项目的全国30个省份碳排放量如图5-6所示（2000—2020年历年30个省份碳排放总量详见附表7）。总体来看，我国大多数碳排放项目的碳排放量都呈现逐年上升的趋势且增幅和增速都较为稳定。其中，土地利用碳排放波动较大，在2004年达到峰值8419.81万吨后大幅度降低。这可能是由于随着社会经济的发展，大量的耕地、林地、草地等都受到了不同程度的挤占，从而导致碳汇数量急剧降低。而2010—2020年，土地利用所表现的碳汇作用始终保持在7700万吨左右这样一个相对稳定的状态，这说明我国积极倡导生态文明建设、退耕还林还草以及开展国土空间规划、划定“三区三线”等一系列措施在一定程度上保护了我国重要的生态碳汇不被侵占。需说明的是，由于土地利用是一个较为复杂的生态系统，不同的用地类型具备不同的碳排放性质，其中耕地是碳源，而林地、草地、水域、未利用地则承担着碳汇的功能，建设用地因其碳排放效应主要受到人类活动的影响，所以不能简单地通过面积进行碳排放量测算，因此，本书将其纳入化石能源消费中进行测算。

此外，化石能源消费产生的碳排放量占比最高且与其余 5 种碳排放来源项目的差距极大。这是由于我国主要以煤炭、石油等化石燃料为主的能源消费结构导致的，尽管近年来我国不断倡导能源消费结构的升级转型，减少对化石能源的依赖与消耗，加大对风能、电能等可再生清洁能源的研发与利用，虽在一定程度上遏制了能源消费碳排放量的大幅增加，但总体上还是未能突破这一困境。其次占比较高的是工业生产活动与农业生产活动所产生的碳排放，生物呼吸碳排放量紧随其后，这也是我国人口增长、快速城镇化的结果。综上所述，通过开发碳源作用弱的新兴能源，同时提高能源利用率并控制能源消费，是抑制我国碳排放增加的重要途径。

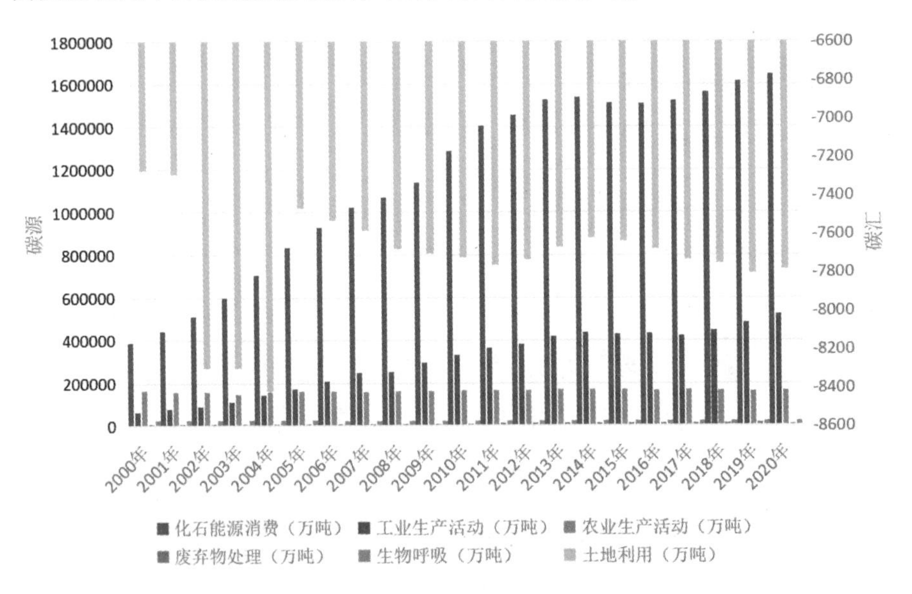

图 5-6 全国 30 个省份 2000—2020 年各核算项目碳排放总量核算结果

（2）碳排放强度核算结果分析

根据上文测算的碳排放总量结果，进一步分析 30 个省份 2000—2020 年的碳排放强度。运用上文提到的公式，通过计算得出 30 个省份 2000—2020 年碳排放强度，根据测算结果，对我国 2000—2020 年 30 个省市区（不包含西藏、港澳台地区）碳排放强度的现状进行分析。

通过图 5-7 可以清晰地看出，2000—2020 年间，我国 30 个省份的碳排放总量处于一个不断攀升的状态，但上升的幅度在 2011 年后有所放缓。与此同时，GDP 也与碳排放总量类似，处于一个不断上升的阶段，表明我国 2000—2020 年经济发展十分迅猛。

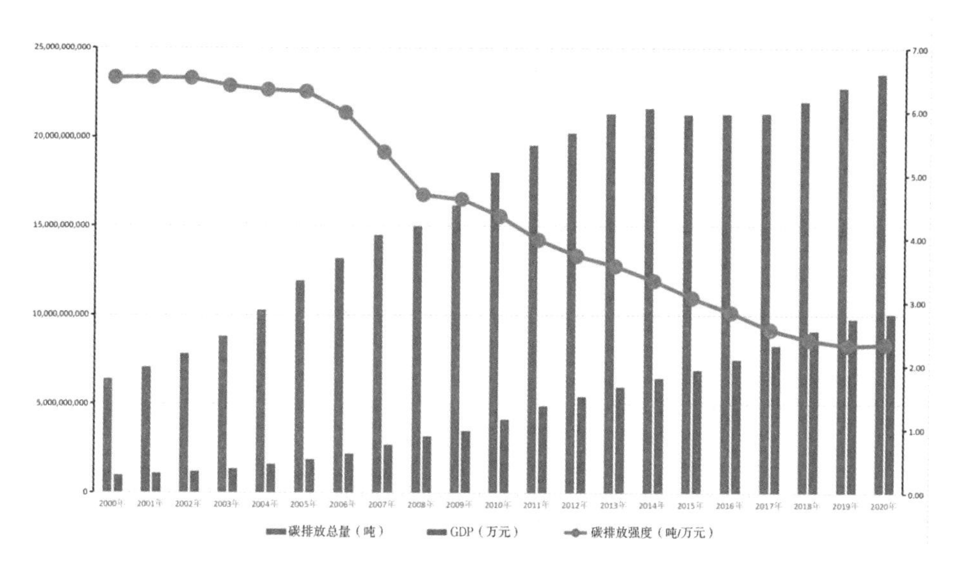

图 5-7　全国 30 个省份碳排放强度、净碳排放总量及 GDP

值得注意的是，在碳排放总量和 GDP 不断上升的情况下，我国 30 个省份的碳排放强度却呈现逐年下降的趋势，相比于 2000 年，2020 年碳排放强度降低了 4.2 吨 / 万元，年平均降幅为 0.2 吨 / 万元。这表明在我国经济飞速发展的同时，来自化石能源消费、工业生产活动、农业生产活动、土地利用、废弃物处理以及生物呼吸等产生的碳排放量虽然也在迅速增长，但是增幅明显趋缓且碳排放量占 GDP 的比重越来越小，说明我国以消耗资源、破坏环境为代价的粗放型经济增长方式正在逐步向高效集约、可持续的高质量发展方式转变。

为了更加清晰直观地观测 30 个省份的碳排放强度差异以及二维时空特征，本书基于 ArcGIS 10.2 软件的空间可视化功能，选取 2000 年、2005 年、2010 年、2015 年、2020 年共计 5 个时间节点的碳排放强度核算结果，利用自然断点法进行定级分类，进一步分析 30 个省份在省级层面上的碳排放强度的时空分布。研究结果表明，受到经济发展水平、能源消费结构以及产业结构等多方面的影响，我国 30 个省份的碳排放强度空间分布整体表现为“东南低，西北高”的特点，色带颜色从东南地区向西北地区逐渐加深，存在较为明显的区域异质性。具体如下：

首先，对于西北地区的城市，以山西、内蒙古、宁夏、新疆等为代表的煤炭使用大省在 2000—2020 年间始终处于碳排放强度的高值聚集地区，这些省份除了大量化石燃料的使用，伴随着西部大开发的深入，还是我国西气东输、西电东送的重要节点城市。然而，大规模的能源输出提高了西北地区这些城市碳排放量，却对经济发展的拉动作用十分有限，从而导致其碳排放强度始终处于全国的峰值地区。虽然西北地区是碳排放强度的高值聚集地区，但随着我国生态文明建设的推进，以及西北地区城市的产业结构、能源消费结构的不断调整，整体仍呈现下降趋势。其中山西省的碳排放强度从 2000 年的 18.69 吨 / 万元升至 2003 年的 24.06 吨 / 万元后开始出现下降趋势，截至 2020 年，其碳排放强度已经降至 15.68 吨 / 万元；内蒙古的碳排放强度从 2000 年的 6.56 吨 / 万元升至 2010 年的 10.62 吨 / 万元后，开始以每年 0.16 吨 / 万元的降幅降至 2020 年的 9.02 吨 / 万元。

相对而言，东南地区的城市碳排放强度明显低于西北地区，且始终表现出明显的地区差异。2000—2020 年间，东南部的城市碳排放强度呈下降趋势，广东、福建、浙江等沿海城市的碳排放强度始终保持在全国的低值区域。此外，贵州、云南等地区碳排放强度变化幅度最大，分别以每年 0.71 吨 / 万元和 0.15 吨 / 万元的幅度递减，湖南、湖北、江西、安徽等城市的碳排放强度在研究期内也有不同程度的下降。分析产生这种差异的原因：一是东南地区城市煤炭资源相对并不丰富，大量的能源消耗都来自西北地区城市输入，同时，较为先进的科学技术水平，能有效提高资源的利用效率，从而对碳排放总量有一定的制约作用；二是东南地区城市经济发展水平较高，年 GDP 总额始终处于领先地位，使其单位 GDP 的碳排放量也较低，故碳排放强度较小。

（3）碳排放强度动态演进分析

为进一步研究我国碳排放强度整体的空间格局演进特征，采用重心—标准差椭圆来对其进行刻画，识别碳排放强度的重心位置及其空间演进趋势，并利用较为便利且准确的 ArcGIS 10.2 软件的空间统计模块进行相关操作，计算得到了 2000 年、2005 年、2010 年、2015 年、2020 年 5 个时间节点碳排放强度的重心及标准差椭圆的相关参数（见表 5–7）及空间分布。

表 5–7　2000—2020 年碳排放强度重心及标准差椭圆相关参数

年份	重心坐标	移动方向	移动距离（千米）	偏转角（°）	沿 X 轴标准差（千米）	沿 Y 轴标准差（千米）
2000	（111.20° E，34.25° N）	/	/	30.56	986.33	1139.02
2005	（111.49° E，35.17° N）	东北	/	36.90	927.13	1152.67
2010	（111.38° E，35.75° N）	西南	/	39.45	968.98	1178.82
2015	（111.30° E，36.41° N）	西南	/	50.28	978.56	1116.34
2020	（111.39° E，37.20° N）	正北	325.06	58.04	966.17	1120.57

从表 5-7 可以看出，就重心来说，碳排放强度的重心经度范围在 111.2° E ~ 111.39° E，纬度范围在 34.25° N ~ 37.2° N，从重心移动路径可以发现移动方向为东北—西南—西南—正北方向，主要表现为南北方向上的纵向北移。2000—2020 年，重心向北移动了约 325.06 千米，从河南省移动到了山西省范围内，但就其整体而言，碳排放强度重心在研究期内变化幅度较小，空间上稳定性较好。

第四节　生态文明建设对碳排放强度的影响

根据上述关于生态文明建设水平和碳排放强度现状研究结果，我国生态文明建设水平与碳排放强度表现出相反的变化趋势，这在一定程度上表明生态文明建设与碳排放强度之间或许存在某种关系，因此，有必要进一步进行实证检验。基于此，为验证本书提出的 5 个研究假设，本文基于我国 2000—2020 年的省级面板数据，运用空间计量模型对生态文明建设对碳排放强度的影响与作用机制进行实证分析。

一、变量选取与矩阵设定

1. 变量选取与说明

本书以我国 30 个省份 2000—2020 年的数据为研究样本进行实证分析，涉及的城镇化水平、能源消费结构、外资强度、能源强度以及环境规制这 5 个控制变量的统计数据均来源于 2000—2020 年《中国统计年鉴》、《中国能源统计年鉴》、各省份统计年鉴以及国家统计局网站。其中数据缺失部分采用插值法进行补齐。

（1）被解释变量

碳排放强度（lnCI），即单位 GDP 碳排放量，用碳排放总量与 GDP

比值表征，在此取其对数，记作 lnCI。

（2）核心解释变量

生态文明建设水平（EC），即将我国 30 个省份的生态文明建设水平测度记作 EC。

（3）控制变量

①城镇化水平（UR）

近年来，我国处于快速城镇化阶段，城镇化水平的提高一方面促进了资源的合理分配、产业结构的优化升级，从而有效提升了能源利用效率；另一方面则是快速城镇化大多以消耗钢筋水泥、化石燃料和挤占碳汇空间为代价，导致碳排放量的增加。因此，城镇化率对于碳排放强度的影响尚不明确。本书参考学者常规方法，用非农业人口占总人口的比值表示城镇化水平，记作 UR。

②能源消费结构（ES）

不同的能源所产生的碳排放有着巨大差别，而随着我国经济技术等的不断发展，我国的能源消费虽日益趋于多元化，但仍未摆脱以煤炭为主的现状。以煤炭为主导的能源消费结构仍是我国碳排放的重要影响因素，这对于我国碳排放的降低是一项巨大的挑战。学者邬彩霞在研究中国低碳经济发展的协同效应时也指出，促进能源消费结构的变革对新形势下推动中国低碳经济发展具有重要意义[①]。因此，本书引入能源消费结构这一控制变量，以煤炭消费量与能源消费总量之比表征，记作 ES。

③外资强度（lnFDI）

外商直接投资总额能在一定程度上反映一个国家或者地区的对外开放水平以及整体的投资环境。而随着外商直接投资总额的不断增加所产生的

---

① LEFEVER D W. Measuring geographic concentration by means of the standard deviational ellipse[J]. American Journal of Sociology, 1926, 32（1）:88－94.

连锁反应，目前学术界出现了“污染天堂”[①]“污染光环”[②]两种假说。本书用外商直接投资总额与GDP的比值表示外资强度，并取对数记作lnFDI。同时，考虑到通货膨胀和汇率的影响，以当年的汇率和2000年不变价进行调整。

④能源强度（EI）

能源强度可以反映一个国家或地区能源消费与经济发展之间的关系。一般情况下，当一个国家或者地区的经济发展水平相同或相似时，则能源消费量的增加意味着碳排放量的增加。邵帅等研究证明能源强度与碳排放强度在时间和空间上都表现出了较强的依赖性[③]。基于此，本书参考其做法，用能源消费总量与GDP的比值表示能源强度，记作EI。

⑤环境规制（lnER）

碳排放强度是一个复合指标，不光受到经济因素的影响，还受到社会、政治因素的影响。环境规制则是政府为节能减排所做出的管制和约束措施，考虑到数据的可获得性以及参考已有研究，本书用工业污染治理投资总额与工业增加值之比表示环境规制，并取对数记作lnER。

2. 变量描述性统计

表5-8为各变量的描述性统计结果。从表中可以看出，被解释变量碳排放强度lnCI取对数后的最小值为−1.66、最大值为3.18、平均值为1.48。核心解释变量生态文明建设水平EC的最小值为0.30，最大值为0.65，平均值为0.44，且其余控制变量的最大值和最小值都有不同程度的差距，这表明我国的碳排放强度、生态文明建设水平在不同地区之间存在一定的差

① 邬彩霞. 中国低碳经济发展的协同效应研究[J]. 管理世界，2021，37（8）：105−117.

② WALTER I, Ugelow J L. Environmental policies in developing countries[J]. Ambio, 1979: 102−109.

③ 李子豪. 外商直接投资对中国碳排放的门槛效应研究[J]. 资源科学，2015，37（1）：163−174.

异性和不平衡性。同时，各控制变量的区域差异则更为明显，这可能是由于我国幅员辽阔，各地区的经济水平、产业结构等存在明显差异，从而导致各变量之间也存在这种差异。同时，各变量的方差膨胀因子（VIF）值均小于10，平均小于5，说明本书选取的变量之间不存在多重共线性问题。

表 5–8 变量描述性统计分析

变量类型	变量名称	变量符号	观测值	均值	标准差	最小值	最大值	VIF
被解释变量	碳排放强度	lnCI	630	1.48	0.76	−1.66	3.18	/
核心解释变量	生态文明建设水平	EC	630	0.44	0.06	0.30	0.65	2.61
	城镇化水平	UR	630	0.52	0.16	0.14	0.90	2.25
	能源消费结构	ES	630	0.95	0.40	0.01	2.50	1.88
控制变量	外资强度	lnFDI	630	8.30	0.87	6.37	13.28	1.73
	能源强度	EI	630	1.51	0.91	0.41	5.18	1.70
	环境规制	lnER	630	3.52	0.82	−0.16	5.74	1.53

3. 空间权重矩阵设定

在探究生态文明建设水平与碳排放强度之间的空间相关性特征前，需要设定空间权重矩阵。引入空间权重矩阵可以将不同区域之间的事物联系起来，因此，可以使用不同的加权条件来分析事物之间的空间关系。目前，国内外对生态文明建设水平对碳排放强度的空间溢出效应研究中，还没有形成统一的空间权重矩阵。常见的空间权重矩阵包括邻接矩阵、经济地理矩阵、地理距离矩阵以及综合考虑多种因素的嵌套矩阵等。而现有研究多以邻接矩阵来进行空间相关的衡量，但由于我国各省的面积差异大，简单的毗连性可能没有考虑到地理上接近但不毗连的省份之间的辐射。同时，在实际中各地之间的空间溢出效应和辐射效应很可能会突破经济因素和地理因素的束缚，从而仅采用邻接矩阵不能准确地反映相关要素的相互影响关系。因此，本书未选择简单邻接空间矩阵进行研究，而是基于结果稳健性、数据可得性等原则，选用了经济距离空间权重矩阵、经济地理嵌套空间权重矩阵分别对碳排放强度的空间溢出效应进行分析。权重矩阵设置如下：

（1）经济距离空间权重矩阵（W_1）

基于各个省份的经济发展水平来设定，主要利用两个省份之间的人均GDP 差值构造经济距离空间权重矩阵，具体公式如下：

$$W_1 = W_{ij}^{e} \begin{cases} \dfrac{1}{|GDP_i - GDP_j|} & i \neq j \\ 0 & i \neq j \end{cases}$$

（2）经济地理嵌套空间权重矩阵（W_2）

在构建经济地理嵌套矩阵前还需构建地理距离矩阵，即基于两个省之间的地理距离（d_{ij}）的倒数构造地理距离空间权重矩阵，具体公式如下：

$$W_{ij}^{d} = \begin{cases} \dfrac{1}{d_{ij}} & i \neq j \\ 0 & i \neq j \end{cases}$$

再结合前文的经济距离矩阵，构建二者嵌套矩阵如下：

$$W_2 = W_{ij}^{d} diag\left(\frac{\overline{X_1}}{\overline{X}}, \frac{\overline{X_2}}{\overline{X}}, \cdots \frac{\overline{X_n}}{\overline{X}}\right);\ i, j = 1, 2, \cdots, n$$

式中：diag（···）为对角矩阵，其对角元素中 X_i 为样本时期内 i 省的人均 GDP 的均值，X 为研究期内所有省市的人均 GDP 的均值。

二、空间相关性分析

在构建空间计量模型前，对碳排放强度进行空间自相关性检验可以探究碳排放强度在全局和局部的空间自相关性，还可以揭示碳排放强度的空间分布格局和空间差异程度。本书选用应用广泛的 Moran's I 指数进行碳排放强度空间自相关检验。

1. 全局空间自相关

全局 Moran's I 指数可以用来测度碳排放强度在空间上的关联程度。一般而言，当 0<Moran's I 值 <1 时，区域之间的碳排放强度呈现正相关；当 −1<Moran's I 值 <0 时，区域之间的碳排放强度呈现负相关；当 Moran's I 值等于 0 时，区域之间的碳排放强度呈现随机分布，不具有空间自相关性。其计算公式如下：

$$\text{Moran's I} = \frac{n\sum_{i=1}^{n}\sum_{j=1}^{n} w_{ij}(x_i - \bar{x})(x_j - \bar{x})}{\sum_{i=1}^{n}\sum_{j=1}^{n} w_{ij}\sum_{i-1}^{n}(x_i - \bar{x})^2}$$

式中：n 为空间单元数，x_i 和 x_j 分别表示各单元的碳排放强度；$\bar{x}$ 表示各单元碳排放强度的平均值；w_{ij} 表示空间权重矩阵。

本书基于构建的经济距离空间权重矩阵（W_1）和经济地理嵌套空间权重矩阵（W_2），运用 Stata 16.0 进行全局空间自相关检验。由表 5-9 可以看出，经济地理嵌套空间权重矩阵（W_2）Moran's I 指数略高于经济距离空间权重矩阵（W_1）。

表 5–9 2000—2020 年中国 30 各省份碳排放强度 Moran's I 指数

年份	经济距离空间矩阵（W_1）			经济地理嵌套空间矩阵（W_2）		
	I	Z	P–value	I	Z	P–value
2000	0.243	2.761	0.006	0.271	2.831	0.005
2001	0.242	2.765	0.006	0.290	3.023	0.003
2002	0.244	2.786	0.005	0.305	3.158	0.002
2003	0.253	2.865	0.004	0.325	3.338	0.001
2004	0.259	2.921	0.004	0.323	3.317	0.001
2005	0.280	3.123	0.002	0.362	3.669	0.000
2006	0.311	3.444	0.001	0.391	3.947	0.000
2007	0.353	3.871	0.000	0.426	4.281	0.000
2008	0.358	3.922	0.000	0.44	4.409	0.000
2009	0.372	4.056	0.000	0.449	4.486	0.000
2010	0.351	3.853	0.000	0.429	4.313	0.000
2011	0.339	3.754	0.000	0.412	4.184	0.000
2012	0.336	3.719	0.000	0.409	4.151	0.000
2013	0.306	3.444	0.001	0.374	3.847	0.000
2014	0.311	3.497	0.001	0.376	3.87	0.000
2015	0.293	3.322	0.001	0.351	3.644	0.000
2016	0.293	3.329	0.001	0.349	3.628	0.000
2017	0.286	3.243	0.001	0.357	3.681	0.000
2018	0.277	3.146	0.002	0.350	3.615	0.000
2019	0.253	2.901	0.004	0.324	3.362	0.001
2020	0.254	2.929	0.003	0.318	3.328	0.001

首先，在经济距离空间权重矩阵（W_1）下，p 值均小于 0.01，说明 2000—2020 年碳排放强度的全局 Moran's I 都在 [0，1] 区间内，说明碳排放强度具有显著的正空间相关性。

其次，在经济地理嵌套空间权重矩阵（W_2）下，2000—2020 年的碳排放强度的全局 Moran's I 指数 p 值均同样在 1% 的水平上显著，且 W_2 矩阵下 Moran's I 指数逐年递增。

由此可见，经济距离和地理距离都是影响碳排放强度与其邻近地区关系的重要因素，两种矩阵下的碳排放强度并不是随机分布的，而是都具有显著的正向空间相关性，因此，有必要进行后续的空间溢出效应检验。

2. 局部空间自相关

通过全局空间自相关检验，表明 2000—2020 年 30 个省份的碳排放强度在空间上具有正向相关性，但这并不能反映出各省份局部邻近区域的聚集情况。因此，本书引入局部 Moran's I 指数进一步进行局部自相关检验，以刻画局部地区的空间差异变化。计算公式如下：

$$\text{Local Moran's I} = \frac{(x_i - \bar{x})}{S^2}\sum_{j=1}^{n}(x_j - \bar{x})$$

$$S^2 = \frac{1}{n} \cdot \sum_{i=1}^{n}(x_i - \bar{x})^2$$

式中：n 为空间单元数，x_i 和 x_j 分别表示各单元的碳排放强度；$\bar{x}$ 表示各单元碳排放强度的平均值；S^2 表示样本方差；w_{ij} 表示空间权重矩阵。

图 5-8 为经济距离空间权重矩阵下全国 30 个省份 2000 年、2010 年、2020 年的碳排放强度 Moran 散点图。

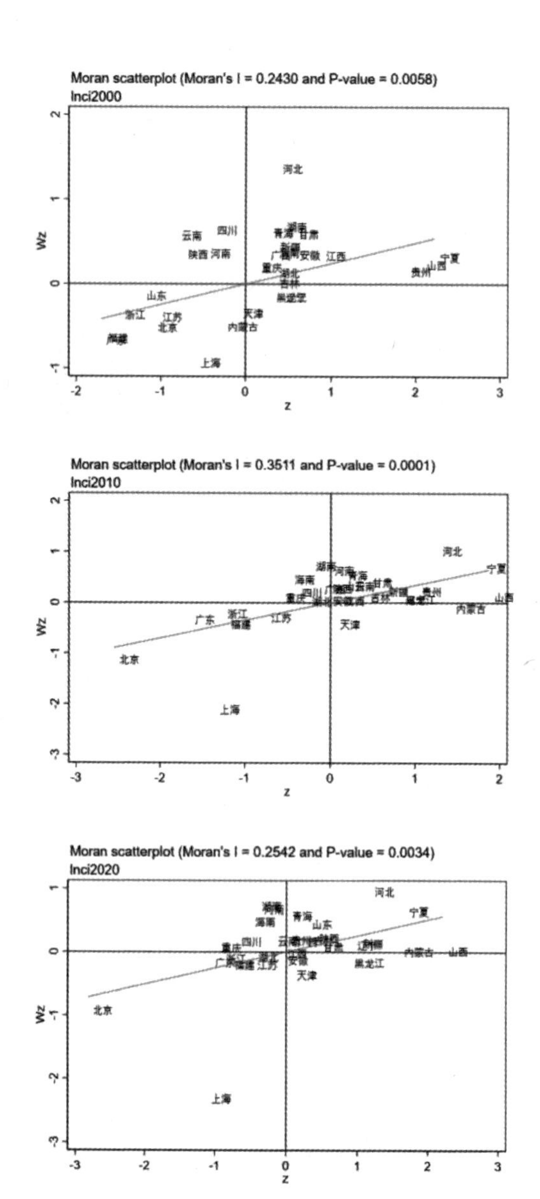

图 5-8 2000 年、2010 年、2020 年各省份碳排放强度 Moran 散点图（经济距离矩阵）（续）

从图 5-8 中可以清晰地看出，2000 年各省市主要分布在第一和第三象限，也就是高—高聚集和低—低聚集的空间分布状态。到 2010 年、2020 年，各省市逐步向聚集中心聚拢，第一象限的省市数量明显增多，第二、三象限的城市都逐步向第一象限移动。总体而言，在经济距离空间权重矩阵下，全国 30 个省份的碳排放强度“高—高”集聚趋势不断显现。

图 5-9 为经济地理嵌套空间权重矩阵（W_2）下全国 30 个省份 2000 年、2010 年、2020 年的碳排放强度 Moran 散点图。

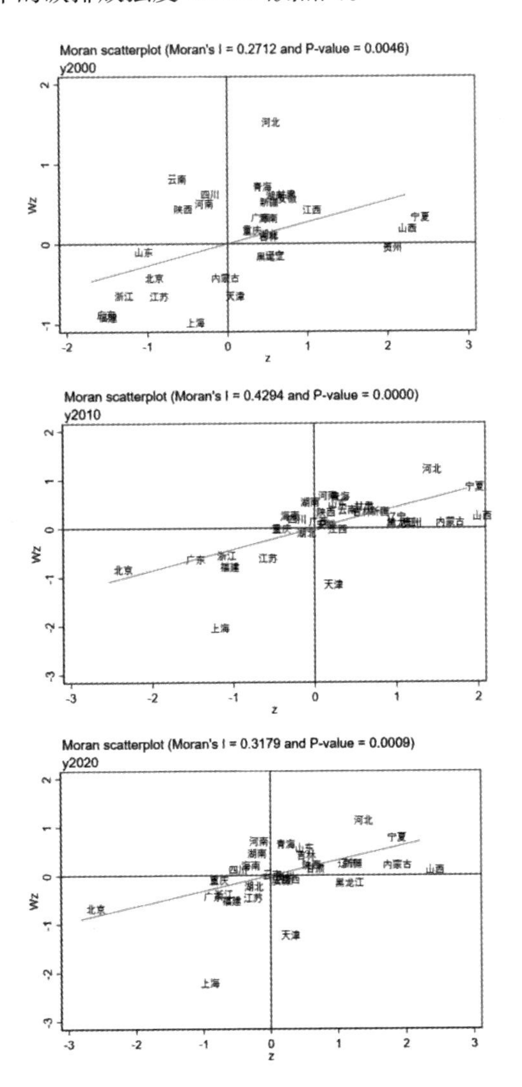

图 5-9　2000 年、2010 年、2020 年各省份碳排放强度 Moran 散点图（经济地理嵌套矩阵）

与经济距离空间权重矩阵相比，30个省份的空间自相关性差异较小，各省份所处的象限也大致相同，且随着时间的推移，同样呈现为“高—高”集聚趋势。

综上所述，在经济距离和经济地理嵌套空间权重矩阵下，“高—高”集聚的分布状态在一定程度上可以说明，我国各省份碳排放强度对邻近且经济水平发展差距小的地区容易产生空间溢出效应。

三、空间计量模型构建

1. 理论模型与模型构建

20世纪70年代，Ehrlich和Holdren① 提出了IPAT模型，指出环境受到人口、财富和技术三个因素的共同作用，并构建了方程式：

$$I = P \times A \times T$$

式中：I 表示环境；P 表示人口；A 表示财富；T 表示技术。尽管该模型的提出开辟了环境与人类活动之间关系的研究新思路，但其过于简洁无法刻画各因素的影响程度。因此，为克服IPAT模型的缺陷，1972年Dietz和Rosa② 提出了改进后的IPAT模型，即STIRPAT模型：

$$I = a P^{b} A^{c} T^{d} e$$

为了消除相关因素可能存在的异质性，对该公式两边取自然对数，则有：

$$\ln I = \ln a + b \ln P + c \ln A + d \ln T + \ln e$$

式中：I 表示环境；P 表示人口；A 表示财富；T 表示技术；a 为常数项；b、

① EHRLICH P R, HOLDREN J P. Impact of Population Growth[J]. Science, 1971, 171 (3977): 1212 -1217.

② DIETZ T, ROSA E A. Effects of Population and Affluence on CO_2 Emissions[J]. Proceedings of the National Academy of Sciences, 1997, 94（1）：175-179.

c、d为三个影响因素的指数；e是误差项。

碳排放强度会受到多种因素的影响，因此，本书基于STIRPAT模型的分析框架，将其余影响因素引入模型中，对STIRPAT模型进行拓展，构建理论面板模型如下：

$$\ln CI_{it} = \ln\alpha + \beta_1 EC_{it} + \beta_2 UR_{it} + \beta_3 ES_{it} + \beta_4 \ln FDI_{it} + \beta_5 EI_{it} + \beta_6 \ln ER_{it} + e_{it}$$

式中：t代表年份；i表示全国30个省份；β表示各个解释变量的系数；e_{it}表示误差项；CI表示碳排放强度；EC表示生态文明建设水平；UR表示城镇化水平；ES表示能源消费结构；FDI表示外资强度；EI表示能源强度；ER表示环境规制。

2. 空间计量模型

由于碳排放所产生的是气体排放，而且在一定程度上是流动的，所以必须考虑空间效应。从空间计量经济学研究的角度来看，某一地区的二氧化碳排放水平不仅受到该地区政治体制、经济水平和城市化水平的影响，而且还可能受到邻近地区二氧化碳排放的影响。因此，在实证分析中使用传统的计量经济学模型而不考虑空间因素已经不再适用。所以，本书在构建普通面板模型的基础上还需确定空间计量模型。常见的三种空间计量模型如下：

（1）空间滞后模型（SAR）

空间滞后模型又称作空间自回归模型，一般用来刻画被解释变量在空间上的滞后项对解释变量的作用。通常，被解释变量y不仅受到自身解释变量的影响，同时由于其具有较强的空间依赖性，因而还受到邻近区域y变化的影响。空间滞后模型一般可表示为：

$$y = pWy + \beta x + \varepsilon$$

式中：y是被解释变量；x是被解释变量；W为空间权重矩阵；ρ表示空间

自回归系数；β 表示对应的系数向量；ε 表示误差项。

（2）空间误差模型（SEM）

空间误差模型又称作空间自相关模型，在该模型中，被解释变量的空间依赖性可以通过误差项进行体现，并通过空间传导机制影响解释变量，当研究区域所处相对位置不同但又存在相互作用关系时，所产生的差异可用空间误差模型表现。其表达式为：

$$y=\beta x+\mu$$

$$\mu=\lambda W\mu+\varepsilon$$

式中：y 是被解释变量；x 是被解释变量；W 为空间权重矩阵；β 表示对应的系数向量；μ 表示随机扰动项且具有空间依赖性；λ 表示空间误差系数；ε 表示误差项。

（3）空间杜宾模型（SDM）

空间杜宾模型综合了空间滞后模型的时间惯性和空间误差模型的邻近区域溢出效应，当空间滞后模型和空间误差模型都表现为显著时，即空间效应与空间误差同时存在时，则一般选用空间杜宾模型进行空间相关性分析。其一般表达式为：

$$y = \rho \mathrm{W}y + \beta x + \delta \mathrm{W}x + \varepsilon$$

式中：y 是被解释变量；x 是被解释变量；ρ 表示空间滞后项系数；β 表示对应的系数向量；δ 表示邻近区域解释变量影响系数；W 表示空间权重矩阵；ε 表示误差项。

3. 模型选择

在进行了相关性分析后发现，我国 30 个省份的碳排放强度在空间上存在着明显的正相关，这表明可以通过构建空间计量经济学的方法来进行深入研究。在构建空间计量模型前，需要确定选用的空间计量模型的类型。

基于此，本书利用软件 Stata 16.0 在设定的两个空间权重矩阵下依次进行 LM 检验、LR 检验和 Hausman 检验，检验结果见表 5-10。从表中可以看到：第一，LM 检验中两个矩阵均拒绝了采用 OLS 模型的原假设，即可以构建空间计量模型；第二，LR 双固定检验下两个矩阵同样拒绝了 SDM 模型会退化为 SAR 和 SEM 模型的原假设，从而确定本书最终选择 SDM 模型；第三，在确定了空间计量模型后，还需要决定采用随机效应或者固定效应，采用 Hausman 检验发现两个矩阵均在 1% 的显著性水平下拒绝了采用随机效应的原假设，因此选择固定效应模型；第四，固定效应又分为时间固定、个体固定和时间个体双固定，LR 检验结果显示在 1% 的水平上拒绝了时间固定和个体固定的原假设，故本书选择时间个体双固定。

表 5-10 空间计量模型检验结果

检验统计量	经济距离空间权重矩阵（W_1）		经济地理嵌套空间权重矩阵（W_2）	
	Statistic	p 值	Statistic	p 值
Moran's I	2.885	0.004	4.352	0.000
LM−error	7.425	0.006	17.463	0.000
R−LM−error	35.767	0.000	19.033	0.000
LM−lag	141.767	0.000	139.996	0.000
R−LM−lag	170.109	0.000	141.566	0.000
LR test for SAR	102.96	0.000	129.15	0.000
LR test for SEM	159.78	0.000	187.75	0.000
Hausman test	29.940	0.004	31.880	0.003
LR test for time	673.52	0.000	707.72	0.000
LR test for ind	54.34	0.000	52.09	0.000

综合上述检验结果，本书最终选择构建双固定效应下的空间杜宾模型。

4. 模型构建

根据前文的检验结果，本书选取时空双固定效应下的空间杜宾模型，并结合前文构建的拓展后的 STIRPAT 模型，将 SDM 模型引入其中，从而构建关于碳排放强度的 STIRPAT–SDM 模型，以探究核心解释变量生态文明建设水平及相关控制变量对碳排放强度的空间溢出效应。STIRPAT–SDM 模型如下所示：

$$
\begin{aligned}
\ln \mathrm{CI}_{it} = {} & \rho \sum_{i\neq j,j=1}^{n} w_{ij} \ln \mathrm{CI}_{ij} \\
& + \beta_1 \mathrm{EC}_{it} + \beta_2 \mathrm{UR}_{it} + \beta_3 \mathrm{ES}_{it} + \beta_4 \ln \mathrm{FDI}_{it} + \beta_5 \mathrm{EI}_{it} + \beta_6 \ln \mathrm{ER}_{it} \\
& + \theta_1 \sum_{i\neq j,j=1}^{n} W_{ij}\, \mathrm{EC}_{it} + \theta_2 \sum_{i\neq j,j=1}^{n} W_{ij}\, \mathrm{UR}_{it} + \theta_3 \sum_{i\neq j,j=1}^{n} W_{ij}\, \mathrm{ES}_{it} \\
& + \theta_4 \sum_{i\neq j,j=1}^{n} W_{ij} \ln \mathrm{FDI}_{it} + \theta_5 \sum_{i\neq j,j=1}^{n} W_{ij}\, \mathrm{EI}_{it} + \theta_6 \sum_{i\neq j,j=1}^{n} W_{ij} \ln \mathrm{ER}_{it} \\
& + \mu_i + \eta_t + \varepsilon_{it}
\end{aligned}
$$

式中: CI 表示碳排放强度; EC 表示生态文明建设水平; UR 表示城镇化水平; ES 表示能源消费结构；FDI 表示外资强度；EI 表示能源强度；ER 表示环境规制；i、j 表示邻近空间单元；β 表示对应的系数向量；θ 表示含有空间项的解释变量系数；w_{ij} 表示空间权重矩阵；μ、η 分别表示空间和时间固定效应下的常数项；ε 表示误差项。

四、回归结果分析

根据上文中生态文明建设水平以及碳排放强度现状的数据统计与分析，选择构建双固定空间杜宾模型实证生态文明建设水平对碳排放强度的影响，本小节将从全样本估计结果、区域异质性以及空间溢出效应分解对其实证结果进行分析。由于我国 30 个省份的生态文明建设水平和碳排放强度确实存在明显的区域差异，我们将进一步从东、中、西部地区三个分区以及2000—2007年、2008—2020年两个时间段分别讨论生态文明建设水平对碳排放强度影响的异质性，同时，对其所具有的空间溢出效应进行分解，以便更好地提出针对国家和各省市节能减排、减少碳排放的政策建议。

1. 全样本估计结果

本书选择构建了经济距离空间权重矩阵（W_1）和经济地理嵌套空间权重矩阵（W_2），为了更好地与双固定空间杜宾模型进行比较分析，在此基础上又加入了OLS模型，全样本回归结果如表5-11所示。

表5-11　全样本空间计量模型回归结果

变量名称	OLS	经济距离空间权重矩阵（W1）	经济地理嵌套空间权重矩阵（W2）
EC	−3.535***	−1.249***	−1.098***
	(−7.59)	(−4.12)	(−3.64)
UR	−0.767***	0.224**	0.086
	(−5.22)	(2.15)	（0.83）
ES	0.543***	0.841***	0.822***
	(14.63)	(18.04)	（17.63）
lnFDI	0.089***	−0.001	0.007
	(4.49)	(−0.07)	（0.37）
EI	0.290***	0.102***	0.114***
	(15.00)	(3.68)	（4.19）
lnER	0.181***	0.055***	0.050***
	(8.09)	(4.55)	（4.25）

（续表）

变量名称	OLS	经济距离空间权重矩阵（W1)	经济地理嵌套空间权重矩阵（W2）
rho		0.189***	0.220***
R^2	0.788	0.708	0.728
时间固定	YES	YES	YES
空间固定	YES	YES	YES
Observations	630	630	630

注：***p<0.01，**p<0.05，*p<0.1；括号内为统计量。

对于核心解释变量生态文明建设水平（EC）来说，首先在OLS模型中，生态文明建设水平在1%的显著性下对被解释变量碳排放强度存在着抑制作用，即生态文明建设水平的提升能有效帮助降低碳排放强度。这说明，随着我国生态文明建设的不断推进，生态文明从政治、经济、文化、生态等多方面都得到长足改善，经济发展、文化繁荣、生态优良这一系列的建设成果都间接抑制了我国碳排放量的增加。其次，不管是在经济距离空间权重矩阵（W_1）下，还是在经济地理嵌套空间权重矩阵（W_2）下，生态文明建设水平均在1%的水平下显著为负，均表现为对碳排放强度的抑制作用。但相比之下，生态文明建设水平在经济距离空间权重矩阵（W_1）下的抑制作用要略强于经济地理嵌套空间权重矩阵（W_2）。表现为在经济距离空间权重矩阵（W_1）下生态文明建设水平提高1个单位，碳排放强度降低1.249个单位；在经济地理嵌套空间权重矩阵（W_2）下生态文明建设水平提高1个单位，碳排放强度降低1.098个单位。由此假设H_3得到验证。

对于控制变量来说，城镇化水平（UR）在SDM模型中，经济距离空间权重矩阵（W_1）下5%的水平下显著为正，说明在经济因素的影响下，城镇化水平提高的同时，会导致碳排放强度的提高。这可能是由于经济发展与快速城镇化几乎都以消耗资源、破坏环境为代价，从而导致碳排放量的增加。外资强度（FDI）在 SDM 模型中未表现出显著影响。而能源消费结构（ES）、能源强度（EI）、环境规制（ER）在 OLS 模型和 SDM 模型下均在 1% 的水平上显著为正，即都表现为不利于碳排放强度降低。分析其原因，可能是由于我国现阶段以煤炭为主导的能源消费结构模式导致产业的结构也趋于不合理，为追求经济发展以工业为主导的第二产业得到了迅速扩张。这种情况下，尽管我国不断加大对工业污染治理投资，但如果能源的利用效率不能提升的话，最终还是会导致碳排放强度的提升。

2. 异质性检验结果

（1）空间异质性

我国幅员辽阔，地区之间往往会因为地理位置、资源禀赋等因素导致各种差异。从前文分析可以得出，生态文明建设水平和碳排放强度都存在明显的口径异质性，具体表现为东部地区的生态文明建设水平高于中部和西部地区，而东部、中部地区的碳排放强度低于西部地区。在这种差异下，不同地区的生态文明建设水平对碳排放强度产生的影响是否也会有所差异呢？基于以上问题研究，为了进一步揭示这种区域异质性，本书将我国 30 个省份按照地理位置分为东、中、西三个区域，并选择前文构建的考虑经济和地理双重因素的经济地理嵌套空间权重矩阵，运用双固定 SDM 模型来探究各区域的生态文明建设水平对碳排放强度产生的影响，其回归结果如表 5–12 所示。

表 5–12　分区域的空间杜宾模型估计结果

变量名称	东部地区	中部地区	西部地区
EC	−1.888***	−3.524***	−0.070
	(−2.88)	(−6.27)	(−0.16)
UR	−0.127	−0.411**	0.173
	(−0.70)	(−2.18)	(0.89)

（续表）

变量名称	东部地区	中部地区	西部地区
ES	1.057***	0.695***	0.764***
	(7.19)	(8.08)	(14.28)
lnFDI	0.058*	0.145***	−0.032
	(1.71)	(3.43)	(−0.98)
EI	−0.469***	−0.173***	0.237***
	(−5.37)	(−3.42)	(7.15)
lnER	0.057***	0.105***	0.052***
	(2.77)	(5.48)	(3.20)
R^2	0.385	0.662	0.484
时间固定	YES	YES	YES
空间固定	YES	YES	YES
Observations	231	168	231

注：$^{***}p<0.01$，$^{**}p<0.05$，$^{*}p<0.1$；括号内为统计量。根据国家统计局 2017 年划分，东部地区包括北京、天津、河北、辽宁、上海、江苏、浙江、福建、山东、广东、海南；中部地区包括黑龙江、吉林、山西、安徽、江西、河南、湖北、湖南；西部地区包括：内蒙古、广西、重庆、四川、贵州、云南、陕西、甘肃、青海、宁夏、新疆。

观察核心解释变量生态文明建设水平（EC）可知，在东部地区、中部地区都在 1% 的水平上显著表现为对碳排放强度的抑制作用，而在西部地区为负向作用但未表现出显著性。造成这种差异可能仍旧是由于西部地区的生态文明建设水平整体低于东部、中部地区，其次在经济发展水平等方面确实也存在一定差距，西部地区主要的人力、物力、财力还处于为发展经济服务的状态，而中部、东部地区在经济快速发展的前提下对于生态文明建设的投入更大，生态文明建设水平高于西部地区，从而使其生态文明对碳排放强度的抑制作用更加明显。由此假设 H_4 得到验证。

从控制变量来看，城镇化水平（UR）仅在中部地区通过了5%的显著性检验，在东部为负相关、西部为正相关，但均不显著；而能源消费结构（ES）在三个地区都通过了1%的显著性检验，其中东部地区的能源消费结构对碳排放强度的促进作用最明显，即能源消费强度每提升1个单位，碳排放强度提高1.057个单位；外资强度（FDI）在东部地区和中部地区均通过了显著性检验，在西部则未通过检验；能源强度（EI）在东部、中部地区均对碳排放强度具有显著抑制作用，而在西部则为显著促进作用，这也与东、中、西部的能源消费结构有着较大关系；环境规制（ER）系数均在1%的统计水平上显著为正，这表明环境规制对当期碳排放强度的影响为正，可能的原因是我国在采取环境规制措施后，地方政府可能会利用空间外溢的“烟雾弹”效果在前期提升碳排放强度，从而为能够在后期取得一定成效做准备。

（2）时间异质性

本书时间跨度为2000—2020年，共计21年，在研究期内我国经历了不同的发展阶段且各阶段所追求的发展目标有所不同，而生态文明建设也经历了从提出到完善再到实践的过程。早在1978年我国就将“环境保护”纳入宪法，2007年党的十七大第一次提出“建设生态文明”的战略任务并把其作为建设小康社会的要求之一[①]。基于此，本书以2007年为界限，将研究期划分为2000—2007年的概念阶段和2008—2020年的实践阶段，从这两个阶段进行生态文明建设水平对碳排放强度的影响对比。

由表5-13可知，2000—2007年，生态文明建设水平对碳排放强度影响尽管表现为负相关但是并不显著，而2007年后第二阶段表现为1%水平上的显著抑制作用。这说明，在经过前期生态文明建设的概念理论探索阶

---

① 邵光学. 中国共产党生态文明建设的百年进程、基本经验与未来展望：基于党的十九届六中全会精神的解读[J]. 审计与经济研究，2022，37（5）：1-10.

段后，随着生态文明建设的不断实践和推进，对碳排放的抑制作用逐步凸显，也表明我国生态文明建设在节能减排、实现“双碳”目标中发挥着重要作用。由此假设 2 再次得到验证。

表 5-13 分时段的空间杜宾模型估计结果

变量名称	2000—2007 年	2008—2020 年
EC	−0.068	−1.859***
	(−0.19)	(−5.56)
UR	−0.090	0.237
	(−0.98)	(0.59)
ES	0.279***	0.905***
	(3.64)	(20.80)
lnFDI	0.132***	−0.023
	(4.32)	(−1.38)
EI	0.052	0.248***
	(1.25)	(7.29)
lnER	0.011	0.011
	(0.60)	(1.31)
R^2	0.497	0.579
时间固定	YES	YES
空间固定	YES	YES
Observations	240	390

注：***p<0.01，**p<0.05，*p<0.1；括号内的值为统计量。

其余控制变量中，城镇化水平（UR）、环境规制（ER）在两个阶段均未通过显著性检验，外资强度（FDI）对碳排放强度的影响逐渐减弱，而能源消费结构（ES）、能源强度（EI）在第二阶段都通过了 1% 的显著性检验，说明与化石能源相关产生的碳排放依旧是影响碳排放强度降低的重要因素。

3. 空间效应分解结果

从表 5-13 中可以发现，全样本的 SDM 模型估计结果中空间滞后系数（rho）显著不为 0，学者 Le Sage and Pace① 指出，在运用 SDM 模型情况下，不能使用解释变量空间滞后项的系数来衡量空间溢出效应，此时的模型往往具有非线性结构，如果直接使用解释变量空间滞后项来研究空间溢出效应可能会出现偏差。因此，本书参考 Le Sage and Pace 所提出的理论模型，利用偏微分理论对 SDM 模型的空间回归结果进行分解。其中，直接影响是指一个地区的解释变量对该地区被解释变量的影响程度；间接效应，也就是空间溢出效应，是指本地区的解释变量变化一个单位会对邻近地区的被解释变量的影响程度。各解释变量分解结果如表 5-14 所示。

表 5-14　空间杜宾模型效应分解结果

检验统计量	经济距离空间权重矩阵（W_1）		经济地理嵌套空间权重矩阵（W_2）	
	直接效应	间接效应	直接效应	间接效应
EC	−1.216***	0.664	−0.986***	2.657***
	(−3.81)	(0.76)	(−3.08)	(3.08)
UR	0.209**	−0.331*	0.047	−0.889***
	(2.02)	(−1.65)	(0.45)	(−3.58)
ES	0.873***	0.918***	0.868***	1.083***
	(19.74)	(6.36)	(19.98)	(7.83)

① DIETZ T,ROSA E A. Effects of Population and Affluence on CO_2 Emissions[J]. Proceedings of the National Academy of Sciences，1997，94（1）：175-179.

（续表）

检验统计量	经济距离空间权重矩阵（W_1）		经济地理嵌套空间权重矩阵（W_2）	
	直接效应	间接效应	直接效应	间接效应
lnFDI	−0.003	−0.058	0.007	−0.002
	(−0.16)	(−0.85)	（0.37）	(−0.04)
EI	0.108***	0.196**	0.115***	0.023
	(4.01)	(2.04)	（4.36）	（0.28）
lnER	0.053***	−0.058*	0.048***	−0.05
	(4.48)	(−1.68)	（4.14）	(−1.45)

注：***p<0.01，**p<0.05，*p<0.1，括号内的值为统计量。

（1）经济距离空间权重矩阵

在经济距离空间权重矩阵下，核心解释变量生态文明建设水平（EC）对碳排放强度存在着显著的负相关。分解后，直接效应在 1% 的水平上显著且符号为负，同时，本地区生态文明建设水平提升 1 个单位，本地区碳排放强度下降 1.216 个单位。但是在间接效应（即空间溢出效应）和总效应上并未表现出显著性，即邻近地区的生态文明建设水平对本地的碳排放强度的溢出效应不明显且其符号为正。分析原因可能是在经济距离邻近的区域，本地的生态文明建设水平提升能够有效抑制本地的碳排放强度，推动当地的能源消费结构、产业结构、用地模式等的优化升级。但对于邻近地区来说，这并不能给其碳排放强度带来明显变化，甚至可能会不利于其碳排放强度的降低。

在其余控制变量中，外资强度（FDI）在直接效应、间接效应和总效应中均未通过显著性检验；能源消费结构（ES）则与之相反，在三个效应中均显著为正，即本地的能源消费结构不仅不利于本地的碳排放强度的降低，也不利于邻近区域的碳排放强度降低；城镇化水平（UR）和环境规制

（ER）在直接效应中都对碳排放强度分别在5%和1%的水平上有促进作用，在空间溢出效应方面，城镇化水平对周边地区表现为显著的负向溢出，环境规制则表现为显著的正向溢出。

（2）经济地理嵌套空间权重矩阵

经济距离空间权重矩阵仅考虑地区之间的经济距离，而在将地理距离因素引入后的经济地理嵌套空间权重矩阵下，直接效应中核心解释变量生态文明建设水平（EC）对碳排放强度仍存在着显著的负相关，但对本地的碳排放抑制作用有所降低。同时，在间接效应（空间溢出效应）上，本地区生态文明建设水平对邻近地区碳排放强度的正向空间溢出效应在1%的水平上显著，并且该正向作用超过了对本地的负向影响。分析造成这种情况的原因，可能是当地政府为了提升本地区的生态文明建设水平，促使本地区的产业结构向第三产业转型，以资源能耗为主的第二产业以及大规模无序建设用地扩张行为受到了一定程度的抑制。在这种较为严格限制下，本地区的生态文明建设水平得到一定程度的提升，但第二产业等高能耗、高污染企业为寻求发展只能向周边邻近地区转移，从而导致邻近地区的碳排放量上升，这种情况的典型代表如我国东部地区和西部地区。由此假设H_5得到验证。

控制变量中，城镇化水平（UR）表现为显著的负向空间溢出效应，能源消费结构（ES）表现为显著的正向空间溢出效应。其余控制变量的空间溢出效应未通过显著性检验，大多表现为显著的正相关直接效应。

（4）稳健性检验

为了检验实证结果的稳健性，同时考虑到计量模型对空间权重矩阵设定的敏感性，拟采用变换空间权重矩阵的方式进行稳健性检验，将权重矩阵替换成0–1邻接空间权重矩阵（地区相邻表示“1”，否则为“0”），结果如表5–15所示。由表可知，核心解释变量生态文明建设（EC）和各控制变量的符号均基本与经济距离空间权重矩阵（W_1）、经济地理嵌套空间权重矩阵（W_2）下的实证回归结果保持一致，虽然各变量的影响系数有细微变化与差异，但不影响前文的分析结果。因此，说明本书的实证结果具有稳健性。

表 5-15　稳健性检验结果

变量名称	0–1 邻接空间权重矩阵	经济距离空间权重矩阵	经济地理嵌套空间权重矩阵
EC	−1.472***	−1.249***	−1.098***
	(−4.72)	(−4.12)	(−3.64)
UR	0.145	0.224**	0.086
	(1.46)	(2.15)	(0.83)
ES	0.732***	0.841***	0.822***
	(14.89)	(18.04)	(17.63)
lnFDI	0.009	−0.001	0.007
	(0.43)	(−0.07)	(0.37)
EI	0.164***	0.102***	0.114***
	(5.80)	(3.68)	(4.19)
lnER	0.056***	0.055***	0.050***
	(4.66)	(4.55)	(4.25)
rho	0.126**	0.189***	0.220***
R^2	0.548	0.708	0.728
时间固定	YES	YES	YES
空间固定	YES	YES	YES
Observations	630	630	630

注：***p<0.01，**p<0.05，*p<0.1；括号内的值为统计量。

五、作用机制检验

1. 模型构建

前文结果表明，生态文明建设确实能够抑制碳排放强度，同时还存在正向的空间溢出效应。那么生态文明建设是如何影响碳排放强度的？其作用机制又是什么？为回答这两个问题，本书在研究生态文明建设对碳排放强度的直接影响及空间溢出效应后，从限制碳源和增加碳汇两个角度出发，进一步揭示二者的作用机制。在第五章第一节的理论分析和研究假设中，提出了技术进步（TP）、产业升级（IS）、林业投资强度（FII）、造林面积（NF）这 4 个能够明显反映生态文明建设对碳排放强度的作用渠道的中介变量。

其中，技术进步（TP）用每年专利申请授权数量[①]表示，产业升级（IS）用第三产业增加值占第二产业增加值的比重[②]表示，林业投资强度（FII）用林业投资额占实际 GDP 的比重表示，造林面积（NF）和以上提及变量均来源于 2000—2020 年《中国统计年鉴》、各省份统计年鉴以及国家统计局网站，数据缺失部分则采用插值法进行补齐。

通过第五章第一节的理论分析和现有学者的研究成果表明，技术进步（TP）、产业升级（IS）、林业投资强度（FII）、造林面积（NF）这 4 个中介变量对碳排放强度的影响是直接且显而易见的。因此，借鉴学者江艇[③]2022 年发表于期刊《中国工业经济》的关于中介模型使用的文章的建议和方法，当重点研究生态文明建设对选取的中介变量的影响，即如果生态文明建设能够显著促进 4 个中介变量的提升，那就说明生态文明建设能

---

① PACE R K, LWSAGE J P, ZHU S. Spatial Dependence in Regressors and its Effect on Estimator Performance[C]. IV Conference of the Spatial Econmentircs Association（SEA），2010.

② 尹迎港，常向东 . 科技创新、产业结构升级与区域碳排放强度：基于空间计量模型的实证分析 [J]. 金融与经济，2021（12）：40-51.

③ 于斌斌 . 产业结构调整与生产率提升的经济增长效应：基于中国城市动态空间面板模型的分析 [J]. 中国工业经济，2015（12）：83-98.

够通过促进该4个中介变量达到抑制碳排放强度的升高的作用。基于此，本书将4个中介变量取对数后作为被解释变量分别对生态文明建设水平进行回归，检验生态文明建设对4个中介变量的影响。模型设定如下所示：

$$\ln CI_{2it} = a_0 + a_1 EC + \sum_{j=1}^{n} \gamma_i X_{ijt} + \theta_i + \delta_t + \varepsilon_{1it}$$

$$\ln M = b_0 + b_1 EC + \sum_{j=1}^{n} \gamma_i X_{ijt} + \theta_i + \delta_t + \varepsilon_{2it}$$

式中：i表示省份；t表示年份；CI表示被解释变量碳排放强度；EC表示核心解释变量生态文明建设水平；M表示中介变量；X表示控制变量；θ_i表示地区固定效应；δ_t表示时间固定效应；ε_{1it}、ε_{2it}表示误差项。

2. 结果分析

传导机制检验结果如表5-16所示。第（1）列中，生态文明建设对碳排放强度产生显著的负向作用，即生态文明建设水平的提升有利于抑制碳排放强度的提升。

表5-16 生态文明建设影响碳排放强度的传导机制检验结果

变量名称	限制碳源			增加碳汇	
	lnCI	lnTP	lnIS	lnFII	lnNF
	（1）	（2）	（3）	（4）	（5）
EC	−3.535***	6.118***	3.915***	5.124***	4.864***
	(−8.69)	（5.13）	（6.88）	（3.81）	(4.18)
UR	−0.767***	3.553***	0.769***	0.077	−2.831***
	(−5.74)	(9.08)	(4.12)	(0.17)	(−7.42)
ES	0.543***	1.120***	−0.341***	0.266	1.037***
	(11.8)	(8.29)	(−5.29)	(5.29)	(7.88)
lnFDI	0.089***	−0.281***	0.024	−0.858***	−0.814***
	（4.19）	(−4.52)	(0.82)	(−12.29)	(−13.46)

（续表）

变量名称	限制碳源			增加碳汇	
	lnCI	lnTP	lnIS	lnFII	lnNF
	（1）	（2）	（3）	（4）	（5）
EI	0.290***	−1.012***	0.0918**	0.352***	−0.085
	（13.85）	(−16.49)	（3.14）	(5.09)	(−1.42)
lnER	0.181***	−0.496***	−0.0276	−0.422***	−0.306***
	（8.67）	(−8.08)	(−0.94)	(−6.11)	(−5.11)
constant	1.086***	9.050***	0.858**	9.241***	13.39***
Observations	630	630	630	630	630
R^2	0.79	0.67	0.37	0.30	0.47

注：***p<0.01，**p<0.05，*p<0.1；括号内为统计量。

从限制碳源这一角度来看，第（2）列为生态文明建设对中介变量技术进步的影响，在1%的水平上显著为正，说明生态文明建设水平的提升能有效促进技术进步；第（3）列中生态文明建设对中介变量产业升级在1%的水平上具有显著的促进作用，说明生态文明建设也能有效促进产业结构升级。综合上述结果与理论分析可知，技术进步和产业升级能有效抑制碳排放强度的提升，此时的回归结果又表明生态文明建设能有效增强技术进步和推动产业升级，由此证明技术进步和产业升级确实发挥了中介效应，即生态文明建设能够通过提升技术水平，推动产业结构的升级改造，从而抑制碳排放强度的提高，并且技术进步的中介作用强于产业升级。由此生态文明建设—技术进步—碳排放强度、生态文明建设—产业升级—碳排放强度的传导路径成立，假设 H_4 得以验证。

从增加碳汇这一角度来看，第（4）、（5）列的回归结果显示，生态文明建设的提升能显著提高林业投资强度和造林面积。综合上述结果与理论分析可知，林地作为最重要的碳汇来源，是最有效的固碳方式。在这种情况下，说明生态文明建设有效地提升了林地质量和数量，在一定程度上实现了总碳汇量的增加，从而达到抑制碳排放强度升高的目的。且就现阶段来说，相较于增加造林面积，生态文明建设通过提升林业投资强度来降低碳排放强度的作用更加有效。回归结果符合理论分析，假设 H_5 得以验证。

第五节　结论与建议

一、研究结论

基于研究背景、目的和意义，在相关理论的基础上，本书通过中国30个省份2000—2020年的面板数据，首先从经济生态文明、政治生态文明、环境生态文明以及文化生态文明4个方面构建测度指标体系，运用熵权TOPSIS法核算生态文明建设水平，并用核密度估计分析其动态演进趋势；其次，基于《IPCC国家温室气体清单指南》《省级温室气体清单编制指南（实行）》及相关学者研究成果，构建包含碳源、碳汇的净碳排放核算框架，以尽量全面准确地对2000—2020年我国30个省份净碳排放强度进行核算，并采用标准差椭圆分析其动态演进趋势；最后，借助双固定STIRPAT-SDM模型，分析生态文明建设对碳排放强度影响的空间与时间异质性，实证生态文明建设对碳排放强度的空间直接影响和空间溢出效应，并通过中介模型探究生态文明建设对碳排放强度的影响机制。通过梳理总结，得出如下结论：

第一，2000—2020年，我国30个省份的生态文明建设水平和碳排放强度的现状特征表现为生态文明建设水平的提升、碳排放强度的降低。尽管生态文明建设水平为小幅的波动提升，但整体空间格局上东部地区城市的生态文明建设水平仍领先于中西部地区的城市，总体水平由东向西逐步下降。同时，碳排放强度在碳排放总量和 GDP 不断上升的情况下，2020 年相比于 2000 年碳排放强度降低了 4.2 吨 / 万元，空间分布整体表现为“东南低，西北高”的特点，存在较为明显的区域差异，从动态演进趋势来看空间上的集聚程度不断增强。

第二，生态文明建设水平的提升能够显著抑制碳排放强度的提升。在构建的双固定 STIRPAT–SDM 模型下，回归结果表明不管是经济距离空间权重矩阵，还是经济地理嵌套空间权重矩阵，生态文明建设水平均在 1% 的水平下显著为负，表现为对碳排放强度具有抑制作用。同时，在空间和时间上都表现出了明显的异质性，即在东部地区、中部地区显著表现为对碳排放强度的抑制作用，而在西部地区为负向作用但不显著。以 2007 年为分界线的情况下，2007 年前生态文明建设对碳排放强度抑制作用不显著，但 2007 年后表现为 1% 水平上的显著抑制作用。

第三，生态文明建设对碳排放强度的空间溢出效应表现为能够显著抑制本地区的碳排放强度提升，但对于周边邻近地区的碳排放则表现为正向的溢出效应。控制变量中，城镇化水平（UR）表现为显著的负向空间溢出效应，能源消费结构（ES）表现为显著的正向空间溢出效应。分析造成这种情况的原因，可能是当地政府为了提升本地区的生态文明建设水平，促使本地区的产业结构向第三产业转型，在这种较为严格的限制下，本地区的生态文明建设水平得到一定程度的提升，但第二产业等高能耗、高污染企业为寻求发展只能向周边邻近地区转移，从而导致邻近地区的碳排放量上升，这种情况的典型代表如我国东部地区和西部地区。

第四，生态文明建设对碳排放强度的负向作用机制存在碳源（技术创新、产业升级）、碳汇（林业投资强度、造林面积）两个传导方向和四条传导路径。从限制碳源这一方向来看，生态文明建设能够通过提升技术水平、推动产业结构的升级改造这两条路径抑制碳排放强度的提高，相较而言，技术创新的中介模型结果系数为6.118，高于产业升级的3.915，中介效应更为明显。从增加碳汇这一方向来看，生态文明建设的提升也能显著提高林业投资强度和造林面积，从而在一定程度上实现总碳汇量的增加，达到抑制碳排放强度升高，同样的，林业投资强度的中介模型结果系数5.124略高于造林面积的4.824，即在增加碳汇这一方向的中介效应更为突出。

二、政策建议

综合上述研究过程与研究结论，提出以下政策建议：

第一，加快确立全国各省碳排放合作机制，推动区域生态文明建设一体化。从降低我国碳排放强度的角度来看，建立生态文明是我国实现低碳发展的一项重大战略。要加快生态文明建设，并加强对生态文明先行示范区的成功案例的总结和宣传，积极创建可复制、可推广的绿色发展经验，提升国家生态文明建设的水平。同时，各省生态文明建设会影响到周边省份的碳排放强度，产生了空间溢出效应。因此，相邻省域之间也需要确立碳排放合作机制，把生态文明建设对邻近区域碳排放强度的正向溢出效应转换为负向溢出效应，从而在实现生态文明建设水平提高的同时，共同致力于碳排放强度降低。

第二，针对限制碳源这一作用路径，首先基于现阶段化石能源消费产生的碳排放仍占据着极大比例的客观现状，应逐步降低煤炭的使用需要，加大清洁能源的使用频率，优化当前以煤炭为主的能源消费结构；其次优化产业结构，改变以第二产业为主的发展模式，推动传统产业的升级改造；再次通过推动技术进步与创新，提升资源利用效率，促进绿色清洁能源技术的推广和应用；最后调整用地结构，发挥国土空间规划的引导作用，合理确定国土空间开发及保护格局。

第三，针对增加碳汇这一作用路径，要强化自然碳汇过程的调查与研究，探究人为因素对自然生态系统碳循环的作用机制，并在森林、湖泊、湿地、土地利用调节吸收等方面进行深入研究，严守生态红线，打击各类乱砍滥伐、毁坏森林的行为。同时，加大林业投资，构建公平规范的碳汇交易市场，从而建立一套因地制宜的人工固碳增汇模型和国家自然碳汇监测标准，达到增加碳汇量的目的。

附 表

附表 1 全国 30 个省份化石能源消费碳排放核算结果（2000—2010 年）

单位：万 t

	2000 年	2001 年	2002 年	2003 年	2004 年	2005 年	2006 年	2007 年	2008 年	2009 年	2010 年
北京	11147.03	11257.14	11493.50	11775.11	11784.31	11972.85	12037.53	12675.60	12621.59	12794.33	12354.21
天津	9525.79	10195.93	10603.58	11591.26	12110.87	12939.21	13801.41	14604.15	14484.63	15554.49	18720.36
河北	29995.69	32356.09	36985.91	44529.58	53618.85	65845.88	72201.88	79724.26	84083.32	90596.25	102763.44
山西	30548.46	38189.85	50039.90	61321.84	75368.33	84374.85	97016.90	106001.72	101678.59	99525.48	108877.46
内蒙古	6810.09	11279.16	16503.95	22043.54	28827.88	35245.54	41679.26	47749.33	57599.52	62493.04	78501.62
辽宁	31061.25	34874.36	38936.91	43321.64	47692.08	54178.57	58213.87	62128.25	63964.78	67490.81	74741.01
吉林	10474.95	11730.58	13169.04	15065.96	15733.78	19106.40	20998.19	22756.09	24011.39	25265.96	28323.71
黑龙江	15027.34	17304.62	19471.06	22122.48	27514.80	30782.03	32582.11	35400.00	38609.45	40957.43	44215.38
上海	19364.24	20413.33	21770.91	23739.20	22623.89	23898.91	23703.72	24347.55	25547.78	25315.82	26644.59
江苏	22254.82	24404.41	27351.04	31568.75	39341.49	50024.72	54483.67	58020.64	59614.37	63242.64	74959.59
浙江	13504.60	16196.30	19239.98	22827.57	26585.74	30953.43	34774.35	38760.93	39639.93	41197.29	44101.01
安徽	14582.80	16226.73	18130.26	20209.93	21157.58	22652.42	24469.30	26911.75	30861.03	34296.61	36699.55
福建	5738.14	6799.44	8130.24	9723.79	11336.87	14004.73	15306.31	17215.87	17869.37	20999.67	23163.33
江西	5732.54	6979.14	8600.77	10222.52	11756.91	12858.96	14176.50	15469.48	15795.49	16503.69	19803.26

（续表）

	2000 年	2001 年	2002 年	2003 年	2004 年	2005 年	2006 年	2007 年	2008 年	2009 年	2010 年
山东	26446.65	30722.16	35048.15	44387.70	62436.38	83607.72	93860.52	105432.79	110365.59	117797.83	131913.54
河南	20948.19	23702.06	26332.65	27286.47	41454.24	49767.48	57941.76	65385.43	67912.87	72943.68	82372.96
湖北	15330.29	16301.33	18493.43	21342.43	22756.75	24948.31	28012.72	30820.77	30578.04	32814.83	37801.40
湖南	9262.68	10328.44	12148.57	14103.76	17297.27	24316.97	25991.20	28589.50	27275.56	29028.98	31657.52
广东	21272.74	24380.67	27524.10	31471.62	35621.22	39912.59	44204.13	46915.97	48180.46	50861.07	57584.95
广西	3659.96	4627.01	6130.84	7531.35	9488.21	10694.68	11760.66	13368.90	13449.14	14933.46	18478.03
海南	2396.60	2145.07	1956.17	1767.27	1509.72	1236.07	2024.77	4103.32	4207.70	4567.71	4943.17
重庆	8784.87	8143.24	7489.57	6833.13	7743.42	9277.79	10405.65	11560.67	14481.23	16124.83	18980.67
四川	8608.06	12578.14	16466.85	20580.16	23315.16	22739.19	25565.92	29439.09	32447.82	36121.77	39971.40
贵州	12177.94	11824.39	12408.28	15292.06	18500.79	20701.69	24327.22	26554.52	26117.64	28975.93	31192.26
云南	3290.91	6095.11	9389.65	12511.55	8882.15	19795.21	22093.44	23640.53	24605.68	26540.45	28430.63
陕西	7766.48	9284.08	11396.01	13290.75	16023.52	19048.44	22698.35	25255.14	27964.73	31170.37	38774.33
甘肃	7908.55	8777.24	9586.13	10766.77	12331.83	13481.40	14330.56	16451.50	16365.98	16020.02	18766.07
青海	1387.14	1511.59	1622.80	1811.32	1898.41	2067.30	2693.64	3198.92	3997.94	4373.77	4263.46
宁夏	5146.99	5896.88	6646.77	7396.66	8092.59	9234.35	10066.04	12094.32	13282.63	15389.90	19539.84
新疆	9213.04	9798.26	10484.11	11432.13	13076.41	15151.22	17309.53	18943.53	21184.00	25044.78	29473.31

附表 2　全国 30 个省份化石能源消费碳排放和算结果（2011—2020 年）　　单位：万 t

	2011 年	2012 年	2013 年	2014 年	2015 年	2016 年	2017 年	2018 年	2019 年	2020 年
北京	11819.27	11664.86	10280.56	10392.35	9323.62	8339.68	8078.63	7822.44	7741.26	6055.70
天津	20542.54	20600.33	21138.12	20204.97	19531.76	18050.61	17645.41	17959.31	17865.26	16976.90
河北	112595.17	117039.70	118695.67	111839.87	110435.48	107669.24	97956.37	107510.73	105779.30	104627.60
山西	123118.38	132495.96	201396.51	206185.74	194806.56	189840.13	199974.57	217365.39	224507.47	251279.96
内蒙古	95870.16	99747.69	101968.62	104426.04	98412.86	97307.76	98798.08	116686.59	131148.32	141377.27
辽宁	78078.66	80285.19	77997.53	77496.80	75110.97	74213.27	75429.61	80141.41	87301.98	89183.92
吉林	33331.58	33277.61	29783.31	29409.50	26961.99	25956.25	25783.44	24438.78	24874.09	24098.68
黑龙江	48657.74	50053.08	44924.65	43079.88	43036.14	42654.98	42476.26	41417.15	42971.58	42028.30
上海	28050.19	27406.43	28388.59	25706.10	25741.62	25687.25	26159.06	25528.65	26291.85	24885.30
江苏	81896.75	83403.12	84919.86	84441.96	86461.71	88829.65	86417.63	84836.38	86338.62	83012.75
浙江	46418.28	44937.46	44930.75	44036.18	44517.36	43895.48	45807.52	44424.69	45269.10	49412.93
安徽	39698.35	43996.00	47643.29	49264.36	48774.88	47125.34	48859.27	49088.04	50269.78	51351.89
福建	26321.18	26079.34	25116.62	28738.24	27731.94	25760.31	27499.85	30247.96	32295.55	32221.87
江西	21016.33	21050.77	22561.62	23009.94	23752.37	23593.83	23523.55	24313.81	24784.01	24213.88
山东	136432.21	141438.29	136842.43	144199.07	151102.63	157777.37	156192.68	163149.73	165610.63	164289.97

（续表）

	2011 年	2012 年	2013 年	2014 年	2015 年	2016 年	2017 年	2018 年	2019 年	2020 年
河南	89211.28	82619.75	80225.65	81291.95	80065.88	77172.06	75506.38	68117.34	63612.74	63565.34
湖北	42813.54	42678.81	36663.14	36913.97	36390.96	36319.63	37068.12	36307.55	38515.06	34400.56
湖南	35749.18	35300.99	34537.65	33111.82	33975.74	33758.73	35055.34	31725.64	31555.67	30325.37
广东	62488.54	61509.15	60685.06	60950.36	60960.93	62398.96	65317.04	67343.83	66290.51	67464.40
广西	22186.99	24310.16	24106.73	23905.07	22412.93	23740.39	24936.29	25823.55	27328.18	27941.35
海南	5564.52	5870.83	5372.00	5997.80	6575.43	6453.70	6256.03	6674.21	6854.12	6671.07
重庆	20411.60	19924.78	17650.75	18624.08	18384.15	16414.36	15866.99	14665.60	14677.07	14551.16
四川	38056.15	42546.79	42462.65	44192.76	38305.57	36207.20	33455.38	32608.57	34463.04	32433.53
贵州	31957.10	34730.15	38667.00	38363.49	37687.24	39546.93	38168.89	33298.99	33770.31	31796.45
云南	29829.70	32543.26	32592.75	28629.00	26615.09	26461.08	26667.76	28348.54	29274.47	29619.70
陕西	41701.16	48992.42	57810.04	60021.42	63255.07	69514.89	73917.00	67581.07	71171.08	72966.43
甘肃	20609.01	21304.05	22718.59	23015.62	22013.34	21108.30	21446.50	21872.30	22352.65	23599.38
青海	5727.63	6705.37	7979.64	6869.28	4829.25	5717.40	5592.64	5721.52	5246.70	4894.85
宁夏	23059.90	23127.25	24403.17	25128.44	25265.25	24348.65	28409.04	30681.62	33029.24	35041.83
新疆	33669.25	38836.12	44099.36	48738.05	49906.13	52557.10	56333.02	58554.26	62218.87	66474.08

附表 3 全国 30 个省份工业生产活动碳排放核算结果（2000—2010 年） 单位：万 t

	2000 年	2001 年	2002 年	2003 年	2004 年	2005 年	2006 年	2007 年	2008 年	2009 年	2010 年
北京	3345.09	3428.81	3502.65	3610.04	3822.85	3927.26	3974.36	3965.91	2392.20	2631.60	2588.29
天津	1384.70	1675.93	2419.66	3128.83	4804.73	5070.57	6879.02	8938.05	9405.91	12180.06	13196.32
河北	7038.47	9540.70	12642.06	18615.95	25009.77	31563.09	39151.25	47322.72	51386.95	63233.69	68228.19
山西	2916.46	4657.28	4372.46	6338.34	6947.95	8954.71	10395.67	12026.10	10339.34	11821.84	13805.69
内蒙古	1893.03	2019.58	2426.24	2749.57	3070.76	3910.05	4405.39	5130.75	5635.55	6522.17	6546.93
辽宁	6914.65	7527.06	8950.83	9995.38	11689.39	13999.74	16676.36	18615.84	18551.34	21792.51	24209.43
吉林	814.12	1017.30	1338.41	1718.52	1896.54	2222.26	2562.41	2940.92	3256.73	4043.24	4557.82
黑龙江	552.23	605.70	676.97	816.77	1062.52	1201.01	1504.42	2023.00	2151.28	2690.26	3090.69
上海	6837.85	7189.95	6654.70	7042.56	7512.44	8269.45	8440.21	8819.99	8432.84	8572.55	9435.01
江苏	4637.36	6071.61	7851.74	10093.14	14781.67	17502.34	22228.07	26329.23	26494.57	29312.30	33395.30
浙江	1556.86	1873.02	2254.83	2863.27	3917.98	4094.33	4804.23	5899.65	6749.19	8642.84	10028.21
安徽	2224.96	2735.91	3116.15	3472.50	4680.56	5379.80	6067.54	7832.96	8428.15	9119.45	10170.87
福建	1149.68	1351.51	1466.29	1840.03	2178.40	2943.46	3635.21	4150.21	4298.05	5148.17	5693.21
江西	1509.73	1845.07	2510.30	2958.74	3562.16	4596.07	5439.93	6042.25	5833.59	7559.25	8875.98
山东	4117.89	4734.85	5727.16	7786.75	11672.17	16106.80	20502.97	23341.65	23117.00	26263.86	29669.53

（续表）

	2000 年	2001 年	2002 年	2003 年	2004 年	2005 年	2006 年	2007 年	2008 年	2009 年	2010 年
河南	2862.13	3451.47	3823.54	4572.51	5705.19	6755.78	8994.16	11652.86	11330.83	12518.33	13252.38
湖北	3926.60	4368.23	4866.34	5447.52	6304.63	7414.74	8061.59	8712.77	9912.67	10430.09	13712.35
湖南	1788.59	2352.75	2624.28	2999.33	4193.49	4892.87	5735.76	6524.63	6450.18	7544.23	9042.02
广东	2238.00	2694.23	3212.79	3807.94	5061.48	5874.33	7197.51	8492.24	8368.88	9397.43	10877.97
广西	803.51	923.74	1137.98	1422.91	2012.18	2669.39	3272.18	4140.21	4256.09	5455.99	6703.16
海南	57.94	57.09	66.43	82.30	83.13	93.68	123.26	138.65	251.34	255.86	244.68
重庆	915.36	1042.15	1091.89	1261.56	1474.25	1504.09	1845.26	2081.46	2100.08	2232.70	3135.42
四川	2860.08	3319.91	3720.83	4086.86	5227.59	5595.82	6628.09	7743.05	7676.78	8907.84	10141.65
贵州	764.81	802.66	932.27	1089.99	1120.11	1262.15	1573.71	1729.75	1699.39	1903.35	2146.73
云南	1133.76	1310.64	1440.47	1867.95	2371.09	3001.53	3503.38	4531.04	4605.79	5393.97	6276.48
陕西	437.43	645.42	644.50	1081.96	1363.46	1768.45	2288.87	2597.37	2379.06	3756.70	4159.67
甘肃	1051.78	1180.53	1096.57	1216.14	1476.67	2194.17	2565.09	2845.44	2616.58	3004.92	3267.17
青海	117.60	130.51	146.54	175.54	182.22	220.23	369.54	532.19	549.58	616.13	695.37
宁夏	71.25	73.78	104.61	127.80	157.82	142.53	188.45	266.72	235.14	280.34	328.48
新疆	613.45	683.38	760.74	944.97	1169.30	1459.41	1786.90	2070.68	2486.17	3238.51	4148.96

附表 4 全国 30 个省份工业生产活动碳排放核算结果（2011—2020 年） 单位：万 t

	2011 年	2012 年	2013 年	2014 年	2015 年	2016 年	2017 年	2018 年	2019 年	2020 年
北京	1175.15	1063.35	958.83	845.57	750.75	679.53	647.92	611.48	543.46	521.07
天津	14817.46	15598.81	17882.19	19280.92	20248.31	20419.90	12687.72	13641.93	15685.17	16256.55
河北	78314.57	83781.43	88122.01	90260.61	92948.46	96306.41	92669.45	106068.82	110725.74	117953.40
山西	15790.32	17504.70	19754.59	19377.95	17349.23	17612.75	18655.45	21955.30	25014.41	27552.20
内蒙古	7400.29	7551.48	8152.37	7710.49	8219.24	8587.78	8411.58	9479.10	11063.12	12390.84
辽宁	24682.27	24541.09	27761.31	29178.98	26802.60	25950.04	27935.01	29676.22	31740.93	33122.13
吉林	4859.89	5461.80	6066.26	6150.40	5037.83	4297.30	4577.63	5607.29	6391.49	7045.69
黑龙江	3285.06	3369.18	3521.48	2578.93	2222.32	2011.84	2278.27	3113.01	3787.26	4197.08
上海	9541.07	8817.17	8377.03	8323.71	8167.47	7732.70	7393.62	7326.04	7065.73	6992.30
江苏	36008.16	39192.59	43931.61	48002.74	48890.64	48556.28	45678.86	44815.28	50681.21	55722.56
浙江	10954.55	10977.97	12196.08	13381.95	13041.66	11788.13	10447.44	10567.54	11534.89	12210.16
安徽	11340.82	11837.35	13199.38	13442.68	13737.42	14475.46	14349.65	14777.63	15299.75	16677.53
福建	6482.32	8715.29	9671.06	10716.64	10162.29	10283.90	10296.69	10997.55	12988.12	13467.63
江西	9868.90	10460.87	10804.46	11290.52	11134.66	11104.94	11103.02	11500.42	12092.63	12998.59
山东	31009.88	33025.12	33879.23	35774.74	35912.19	37920.18	36578.69	36540.16	34681.25	42847.69

（续表）

	2011 年	2012 年	2013 年	2014 年	2015 年	2016 年	2017 年	2018 年	2019 年	2020 年
河南	14166.42	13770.26	16523.64	17933.65	18082.75	17192.63	16297.48	14973.56	15732.48	17120.22
湖北	15821.42	15685.47	15535.82	16169.42	15703.08	15954.31	16134.00	16612.60	18018.65	17350.26
湖南	9695.93	9271.69	9670.45	9958.27	9880.39	10164.16	10705.84	11367.49	11765.65	12908.76
广东	11772.07	11078.19	12774.67	13185.19	12958.29	15998.86	17420.06	17712.95	18740.89	19652.99
广西	7076.41	8512.64	10493.75	11307.65	11910.84	12145.37	11743.18	11228.52	12680.90	16296.64
海南	290.31	301.73	350.68	372.77	388.55	390.94	292.52	181.24	29.60	0.00
重庆	3993.47	4298.07	4782.99	5047.69	4984.13	4233.52	3780.52	4829.15	4957.23	5397.35
四川	11184.60	10842.92	12275.65	12972.80	12068.71	12674.24	12200.83	13418.48	14904.59	15225.57
贵州	2703.73	3292.46	3426.25	3678.46	3413.93	3752.84	3682.02	3755.16	4081.68	4130.85
云南	6747.65	7910.29	9737.69	9103.79	7621.63	7780.50	7904.42	9500.44	10979.45	11923.62
陕西	4854.75	5619.33	6524.77	7046.03	6692.11	5773.26	6709.21	6698.02	8167.22	8286.45
甘肃	3912.45	4050.42	4781.31	5120.67	4027.62	3282.98	3122.68	3810.97	4218.16	4905.40
青海	762.43	873.27	996.41	1027.13	853.95	871.08	807.04	892.70	990.18	999.03
宁夏	491.05	547.40	732.78	989.90	1028.11	951.58	1258.01	1358.45	1387.69	2151.03
新疆	4663.40	5974.71	6392.47	6618.73	4539.05	4736.99	5724.54	5710.15	6029.66	6212.02

附表 5 全国 30 个省份农业生产活动碳排放核算结果（2000—2010 年）

单位：万 t

	2000 年	2001 年	2002 年	2003 年	2004 年	2005 年	2006 年	2007 年	2008 年	2009 年	2010 年
北京	135.51	104.37	98.22	79.83	73.60	65.72	54.47	52.55	53.60	52.23	49.87
天津	231.52	131.01	147.68	110.65	148.77	163.08	147.00	131.63	137.06	142.83	142.10
河北	1835.94	1675.30	1699.80	1565.30	1667.98	1736.34	1492.88	1377.51	1352.04	1367.60	1309.68
山西	395.85	391.45	391.95	384.99	379.82	390.24	343.97	297.78	289.89	296.56	298.74
内蒙古	1399.49	1287.90	1277.23	1273.47	1524.32	1601.80	1649.32	1511.96	1687.53	1718.86	1720.60
辽宁	2843.63	3013.68	3185.48	2996.66	3245.12	3354.99	3592.69	3776.51	3776.76	3785.36	3902.57
吉林	3340.84	3881.67	3753.13	3163.32	3505.09	3770.28	3824.57	3893.32	3793.83	3818.84	3885.16
黑龙江	8475.03	8333.56	8319.24	7002.39	8520.99	8857.71	10180.66	11817.47	12509.37	12899.78	14452.26
上海	920.61	796.11	704.16	568.42	582.14	592.34	579.97	571.27	572.90	571.23	570.27
江苏	11556.92	10600.88	10472.65	9770.62	11112.16	11592.62	11675.56	11601.41	11629.30	11639.20	11638.95
浙江	8147.90	6877.74	6052.09	5095.72	5338.69	5344.54	5329.97	4945.02	4870.65	4883.98	4807.49
安徽	11816.94	10386.27	10913.28	10536.89	11289.30	11383.20	11278.83	11476.96	11557.51	11708.53	11706.81
福建	6323.64	6001.16	5631.92	5041.37	5158.23	4999.17	4758.33	4562.70	4530.36	4548.60	4497.66
江西	14464.51	14327.36	14210.07	13705.69	15435.54	15942.74	16349.51	16189.53	16508.05	16659.55	16843.20
山东	2277.17	2294.51	2214.85	2025.68	2096.12	2097.22	1897.16	1853.61	1798.47	1809.19	1783.95

（续表）

	2000 年	2001 年	2002 年	2003 年	2004 年	2005 年	2006 年	2007 年	2008 年	2009 年	2010 年
河南	3858.56	3754.44	3995.00	4197.02	4326.03	4393.18	4676.15	4524.06	4610.38	4659.47	4747.25
湖北	10498.37	10470.53	10199.38	9587.69	10520.49	10972.63	11007.20	10447.81	10498.28	10853.28	10819.94
湖南	20034.21	19115.09	18323.88	17707.55	19274.81	19688.57	19441.63	20052.75	20243.19	20841.81	20762.15
广东	12749.92	12266.24	11419.32	11083.82	11127.73	11125.64	10926.74	10098.94	10170.91	10242.29	10199.64
广西	12176.09	12737.94	12728.45	12425.64	12430.02	12479.76	11913.47	11122.44	11108.63	11158.63	11016.31
海南	1942.45	1882.79	1831.08	1829.99	1796.22	1622.70	1683.26	1580.44	1655.24	1696.56	1729.30
重庆	4127.68	4074.54	4032.91	4014.68	4012.61	4013.23	3933.49	3475.95	3601.16	3656.79	3668.99
四川	11703.56	11659.22	11534.84	11377.52	11524.30	11680.27	11541.36	11347.91	11343.47	11286.99	11171.63
贵州	4260.82	4321.10	4207.28	4154.10	4164.74	4206.33	4023.00	3821.77	3905.35	3956.85	3949.00
云南	6125.70	6231.93	6121.85	5940.14	6178.62	6015.42	5943.70	5681.24	5834.70	5973.41	5896.21
陕西	1089.67	1096.98	1040.48	1109.98	1156.13	1170.74	1110.55	941.02	995.44	1017.40	1003.62
甘肃	500.44	523.62	526.61	528.51	537.95	615.31	581.89	589.11	611.71	621.67	630.39
青海	422.99	423.96	442.73	441.88	431.34	441.10	460.97	423.89	425.74	428.10	435.42
宁夏	500.20	507.43	513.20	372.04	470.92	514.18	552.50	525.52	549.12	538.85	564.73
新疆	1265.16	1301.58	1298.89	1308.57	1351.20	1402.78	1324.37	1295.87	1177.40	1210.46	1181.33

附表 6　全国 30 个省份农业生产活动碳排放核算结果（2000—2010 年）

单位：万 t

	2011 年	2012 年	2013 年	2014 年	2015 年	2016 年	2017 年	2018 年	2019 年	2020 年
北京	49.09	49.41	47.02	45.95	42.80	39.68	29.86	21.50	15.90	17.46
天津	133.58	136.21	147.00	144.90	138.16	148.84	206.14	252.12	274.20	316.88
河北	1337.63	1348.33	1353.90	1360.11	1350.09	1308.75	1236.27	1223.40	1184.06	1215.24
山西	304.45	320.15	331.72	338.95	344.32	335.57	339.02	331.56	331.51	355.70
内蒙古	1693.03	1683.45	1643.47	1727.01	1782.53	1842.05	2018.76	2117.84	2161.07	2193.12
辽宁	3822.55	3836.87	3772.59	3341.02	3267.58	3342.93	2903.07	2884.21	2965.51	3055.18
吉林	3972.99	4038.50	4167.31	4278.43	4370.03	4452.50	4593.25	4675.40	4676.33	4654.13
黑龙江	15348.02	15985.31	16510.18	16673.80	16405.85	16674.66	20370.70	19518.37	19640.32	19976.89
上海	559.23	553.37	537.01	518.33	513.40	495.68	540.87	535.98	531.87	535.27
江苏	11707.87	11733.13	11782.60	11814.05	11909.74	11914.07	11621.56	11491.22	11261.52	11407.44
浙江	4669.00	4364.99	4341.23	4292.68	4265.27	4230.85	3251.03	3394.23	3263.79	3322.30
安徽	11644.68	11579.65	11605.07	11623.56	11714.92	11851.09	13475.14	13165.73	12964.77	13004.99
福建	4452.38	4367.34	4318.47	4244.73	4161.47	4058.03	3332.55	3274.29	3157.62	3186.57
江西	16847.12	16912.88	16970.53	16983.89	17000.18	16859.51	17761.98	17412.46	16923.01	17436.31
山东	1783.14	1794.81	1782.67	1779.60	1750.61	1721.39	1656.95	1662.71	1588.19	1558.98

（续表）

	2011 年	2012 年	2013 年	2014 年	2015 年	2016 年	2017 年	2018 年	2019 年	2020 年
河南	4788.71	4828.34	4785.49	4846.51	4895.49	4859.73	4436.37	4449.90	4339.62	4390.03
湖北	10818.73	10738.11	11162.17	11375.68	11583.80	11286.80	12415.57	12507.02	11906.97	11912.54
湖南	20949.70	21104.85	21059.19	21249.86	21216.22	21057.01	21790.06	20643.26	19800.90	20575.01
广东	10150.45	10192.30	9991.51	9910.40	9887.54	9890.04	9433.24	9311.75	9286.95	9516.14
广西	10944.28	10855.26	10809.29	10698.81	10485.14	10349.33	9534.05	9284.27	9036.90	9289.30
海南	1701.55	1728.60	1666.97	1666.48	1605.60	1550.82	1331.88	1326.00	1225.20	1216.43
重庆	3683.03	3687.87	3697.25	3704.99	3700.78	3711.82	3522.95	3504.38	3477.42	3499.65
四川	11190.54	11130.61	11086.61	11109.89	11094.77	11071.23	10411.27	10370.63	10253.27	10313.01
贵州	3846.05	3862.27	3860.70	3871.86	3856.95	3839.17	3946.90	3787.03	3729.29	3753.15
云南	6167.87	6226.35	6565.94	6550.12	6507.66	6496.74	5242.29	5131.41	5038.65	4995.83
陕西	1003.23	1043.33	1043.69	1039.72	1034.09	1032.02	962.62	957.19	925.49	934.14
甘肃	603.66	639.29	648.37	678.70	670.12	655.55	610.18	620.16	632.11	678.12
青海	430.79	416.03	428.88	428.47	426.49	432.17	453.24	431.09	417.47	500.59
宁夏	570.47	580.64	581.40	569.88	548.40	554.22	577.18	565.71	528.79	515.80
新疆	1222.36	1317.35	1362.45	1474.77	1462.75	1470.11	1551.80	1562.15	1479.51	1464.92

附表 7　全国 30 个省份土地利用碳排放核算结果（2000—2010 年）

单位：万 t

	2000 年	2001 年	2002 年	2003 年	2004 年	2005 年	2006 年	2007 年	2008 年	2009 年	2010 年
北京	−25.18	−25.23	−25.60	−25.96	−26.70	−27.05	−27.29	−27.69	−28.20	−28.61	−29.16
天津	28.21	27.86	27.55	27.18	26.39	26.13	25.93	25.90	25.67	25.66	25.55
河北	122.81	119.73	115.08	109.77	104.05	99.28	94.25	89.71	84.68	80.48	75.75
山西	13.96	11.93	49.97	48.70	43.09	−0.03	−6.63	−8.61	−13.18	−16.96	−20.50
内蒙古	−699.15	−699.61	−707.14	−718.33	−738.85	−749.95	−755.30	−751.51	−753.67	−753.64	−759.75
辽宁	−23.32	−25.89	−28.95	−27.73	−29.56	−32.13	−34.45	−34.96	−34.36	−35.24	−32.85
吉林	−192.46	−189.70	−194.63	−190.86	−190.33	−189.32	−190.23	−194.50	−196.31	−192.21	−187.13
黑龙江	−643.11	−645.42	−643.08	−647.36	−661.88	−671.32	−671.54	−681.62	−688.38	−687.99	−679.96
上海	19.49	19.11	18.68	18.45	18.02	17.59	17.25	16.69	16.34	16.08	15.95
江苏	301.40	298.09	295.14	294.23	290.32	289.15	287.68	285.94	282.52	280.69	279.90
浙江	−367.86	−367.63	−368.13	−369.73	−374.72	−375.00	−376.16	−377.79	−379.84	−381.17	−380.58
安徽	128.10	121.87	117.94	115.66	110.86	109.89	107.61	105.55	103.20	100.65	99.02
福建	−627.19	−627.13	−628.22	−628.50	−633.63	−635.92	−637.03	−637.15	−635.70	−637.39	−638.48
江西	−537.69	−540.10	−535.93	−531.04	−537.23	−538.34	−544.65	−550.01	−548.93	−545.41	−541.48
山东	460.79	458.74	456.70	454.76	451.28	450.10	446.30	441.97	437.03	434.97	433.20

（续表）

	2000 年	2001 年	2002 年	2003 年	2004 年	2005 年	2006 年	2007 年	2008 年	2009 年	2010 年
河南	310.56	308.14	304.63	298.08	295.16	294.44	292.50	290.10	285.37	283.68	283.07
湖北	−227.27	−230.94	−237.11	−248.20	−257.76	−258.99	−256.17	−254.84	−256.70	−256.27	−254.20
湖南	−603.68	−600.19	−592.83	−583.51	−588.35	−584.98	−579.47	−569.31	−561.72	−551.27	−552.03
广东	−531.17	−535.25	−536.70	−528.27	−536.40	−544.95	−559.82	−572.05	−579.63	−580.18	−579.19
广西	−875.16	−873.32	−858.70	−828.36	−822.49	−817.09	−828.53	−834.89	−852.20	−858.35	−860.51
海南	−109.08	−107.44	−103.70	−98.96	−96.50	−97.15	−100.19	−108.81	−118.22	−121.39	−123.10
重庆	−106.20	−109.92	−115.91	−116.95	−116.62	−113.42	−112.50	−112.77	−121.06	−126.51	−133.85
四川	−752.88	−751.64	−755.90	−763.33	−766.69	−775.51	−777.98	−781.54	−794.09	−794.03	−795.04
贵州	−486.66	−484.64	−476.36	−471.38	−464.64	−460.54	−452.00	−445.81	−445.70	−450.03	−455.96
云南	−1408.13	−1405.05	−1395.69	−1394.83	−1398.87	−1400.02	−1402.45	−1409.71	−1416.35	−1424.19	−1425.28
陕西	−301.63	−301.39	−306.16	−310.92	−319.43	−325.25	−336.87	−339.27	−345.26	−349.88	−356.12
甘肃	−24.73	−23.97	−24.73	−25.97	−30.59	−33.72	−34.31	−34.43	−37.44	−41.61	−47.54
青海	−172.70	−174.11	−175.11	−177.03	−177.24	−178.01	−178.17	−178.32	−179.50	−181.07	−182.84
宁夏	51.78	51.63	−984.41	−988.56	−993.18	40.83	39.25	39.87	40.86	43.46	44.03
新疆	7.31	8.71	8.08	8.30	2.72	15.65	21.99	28.51	33.72	44.75	57.77

附表 8　全国 30 个省份土地利用碳排放核算结果（2011—2020 年）

单位：万 t

	2011 年	2012 年	2013 年	2014 年	2015 年	2016 年	2017 年	2018 年	2019 年	2020 年
北京	−29.60	−30.09	−30.84	−31.18	−31.39	−31.78	−32.24	−32.62	−32.67	−32.62
天津	25.12	24.66	24.05	23.92	23.74	23.63	23.66	23.82	23.89	23.55
河北	70.81	65.64	58.98	56.80	53.36	51.13	49.62	50.83	51.61	46.87
山西	−23.16	−25.34	−26.00	−26.14	−28.26	−31.39	−35.92	−37.20	−33.32	−33.81
内蒙古	−758.60	−756.82	−752.88	−745.86	−738.75	−733.10	−731.96	−739.08	−749.74	−780.27
辽宁	−34.74	−35.26	−39.06	−38.56	−39.19	−39.68	−41.44	−41.38	−42.32	−40.88
吉林	−184.69	−180.90	−178.40	−175.00	−174.77	−171.81	−172.74	−173.44	−175.97	−176.29
黑龙江	−673.65	−660.28	−634.44	−623.89	−615.91	−611.17	−616.85	−628.84	−638.56	−623.49
上海	15.79	15.74	15.59	15.46	15.41	15.34	15.29	15.22	15.14	15.11
江苏	277.96	276.95	273.65	271.82	270.61	270.03	269.60	269.93	270.56	271.68
浙江	−379.67	−375.93	−369.07	−366.30	−363.60	−362.08	−362.55	−362.80	−362.99	−358.44
安徽	96.69	97.31	100.08	100.42	99.85	98.76	97.26	97.20	99.32	102.07
福建	−639.62	−636.13	−627.74	−621.54	−615.62	−613.65	−611.99	−612.41	−611.75	−603.39
江西	−540.25	−536.51	−524.88	−519.52	−513.28	−512.48	−511.13	−510.37	−507.06	−501.02
山东	429.78	426.92	420.76	418.25	414.75	411.18	406.41	404.73	403.38	401.33

（续表）

	2011 年	2012 年	2013 年	2014 年	2015 年	2016 年	2017 年	2018 年	2019 年	2020 年
河南	280.30	277.71	269.50	268.32	265.08	264.18	260.49	258.08	257.45	257.76
湖北	−256.79	−257.09	−264.38	−265.11	−267.72	−264.20	−266.31	−265.14	−267.07	−261.13
湖南	−558.59	−557.71	−557.80	−554.54	−557.77	−553.13	−558.31	−557.16	−561.97	−556.27
广东	−580.22	−578.85	−583.37	−579.64	−575.35	−576.87	−575.11	−574.92	−573.38	−559.14
广西	−867.08	−868.13	−874.61	−871.07	−874.93	−880.49	−880.51	−877.87	−882.17	−869.28
海南	−122.68	−122.00	−116.46	−112.28	−107.84	−107.95	−105.40	−105.11	−105.28	−100.00
重庆	−134.69	−134.11	−119.05	−118.53	−120.18	−124.40	−126.52	−125.75	−131.82	−139.23
四川	−795.60	−798.15	−795.20	−796.07	−804.89	−819.73	−825.24	−823.73	−831.63	−853.04
贵州	−461.31	−461.66	−450.08	−450.30	−452.51	−461.22	−464.21	−465.16	−471.18	−480.96
云南	−1430.14	−1422.35	−1400.27	−1400.09	−1410.01	−1414.39	−1416.78	−1414.58	−1417.34	−1407.28
陕西	−362.41	−366.74	−374.02	−376.84	−384.08	−388.75	−395.66	−400.64	−404.57	−405.34
甘肃	−52.78	−53.95	−56.16	−55.57	−62.23	−68.10	−74.18	−74.94	−72.41	−70.23
青海	−184.03	−184.26	−185.38	−184.19	−183.33	−184.70	−186.72	−188.32	−188.32	−189.93
宁夏	43.47	42.41	40.64	40.59	40.22	40.59	42.05	43.39	43.90	43.35
新疆	67.08	79.90	86.51	92.82	99.53	99.14	93.91	92.06	90.35	93.38

注：表中排放量为负，则表现为碳吸收，即碳汇作用。

附表 9　全国 30 个省份废弃物处理碳排放核算结果（2000—2010 年）　　单位：万 t

	2000 年	2001 年	2002 年	2003 年	2004 年	2005 年	2006 年	2007 年	2008 年	2009 年	2010 年
北京	11.02	14.18	17.19	20.16	23.15	24.88	28.76	27.91	37.45	58.84	63.00
天津	6.33	5.53	6.18	10.86	12.95	20.07	25.09	26.26	30.09	31.54	34.66
河北	23.43	23.08	24.26	26.04	29.77	36.44	42.94	44.76	45.14	33.62	51.56
山西	75.92	61.86	47.85	34.79	30.94	31.46	30.78	20.88	22.57	31.02	39.93
内蒙古	10.86	11.32	10.52	11.19	11.67	11.45	13.72	15.25	18.53	21.85	23.62
辽宁	30.26	31.47	31.55	32.32	31.79	34.20	35.20	37.36	38.45	38.56	46.18
吉林	29.07	25.47	22.17	24.32	28.33	25.29	18.54	24.42	22.36	30.21	37.25
黑龙江	20.03	22.48	24.59	26.87	26.20	27.43	23.48	22.89	23.73	27.94	29.34
上海	16.30	17.81	20.03	20.93	37.11	55.07	67.10	72.04	71.27	70.39	72.57
江苏	36.94	44.93	48.71	53.06	57.12	68.23	97.67	135.51	137.37	212.34	244.33
浙江	28.15	44.89	61.33	78.48	91.29	120.57	152.62	149.37	169.45	215.47	230.06
安徽	15.21	14.39	13.98	13.69	17.53	16.42	18.83	21.59	23.34	33.85	41.15
福建	10.76	11.90	14.49	19.60	20.36	30.62	41.75	76.45	82.13	75.92	82.36
江西	11.42	12.38	12.41	13.48	14.51	14.72	15.64	17.26	17.80	19.44	19.69
山东	43.12	46.65	50.44	54.87	54.71	47.42	64.33	75.23	84.41	96.23	106.53

（续表）

	2000 年	2001 年	2002 年	2003 年	2004 年	2005 年	2006 年	2007 年	2008 年	2009 年	2010 年
河南	30.36	28.83	28.11	27.04	30.25	51.93	47.53	42.94	47.88	47.86	65.02
湖北	34.03	34.47	35.45	35.98	35.48	36.30	21.10	24.07	27.52	28.06	38.31
湖南	45.98	39.99	33.91	28.61	32.27	34.91	37.68	39.10	41.46	41.80	43.81
广东	85.94	82.03	87.95	97.31	91.26	130.03	171.74	229.30	238.23	243.06	229.98
广西	22.59	19.60	20.69	22.95	29.65	30.09	33.84	34.92	38.53	32.96	31.98
海南	7.61	6.64	5.88	5.24	4.39	4.56	6.00	6.30	5.71	6.23	6.82
重庆	19.96	15.43	11.01	8.16	17.49	21.77	28.94	34.32	28.05	31.83	31.52
四川	27.34	31.25	33.81	37.42	37.73	40.04	31.93	36.94	45.30	66.56	72.33
贵州	4.72	2.63	5.99	9.66	7.99	8.86	11.50	12.94	14.70	16.87	18.90
云南	11.41	11.87	11.95	11.89	12.68	14.23	14.83	24.79	30.19	32.45	45.83
陕西	11.35	11.89	12.09	12.45	12.42	13.58	15.29	15.44	16.26	18.49	20.15
甘肃	4.36	4.98	6.10	7.56	8.35	5.85	5.80	6.52	7.24	7.21	8.18
青海	3.36	3.20	3.05	2.88	3.36	3.94	4.10	4.35	3.68	4.13	4.32
宁夏	16.55	16.91	15.97	16.70	16.93	18.93	19.27	19.52	19.40	18.23	20.95
新疆	9.41	9.43	9.45	9.84	10.92	11.49	10.28	11.34	13.79	15.40	18.28

附表 10　全国 30 个省份废弃物处理碳排放核算结果（2011—2020 年）

单位：万 t

	2011 年	2012 年	2013 年	2014 年	2015 年	2016 年	2017 年	2018 年	2019 年	2020 年
北京	66.57	67.18	70.65	96.63	112.71	146.24	168.44	199.37	261.61	234.43
天津	41.33	46.22	46.06	56.82	60.47	69.26	69.96	68.93	90.54	94.72
河北	81.51	91.48	84.85	109.38	140.10	153.97	151.88	177.24	193.52	239.76
山西	39.37	65.97	79.34	75.03	78.50	73.40	69.68	73.70	68.91	100.39
内蒙古	38.51	41.58	41.02	40.54	41.51	33.94	43.59	55.27	61.23	79.50
辽宁	69.79	74.62	86.64	89.66	90.53	68.97	67.17	67.70	105.98	219.64
吉林	45.07	48.53	63.60	67.49	78.91	74.45	83.34	73.83	102.88	144.43
黑龙江	49.91	47.88	45.59	45.44	58.56	56.57	64.87	64.74	76.09	103.15
上海	48.56	69.11	100.82	127.12	131.83	139.90	181.09	193.54	232.84	311.47
江苏	293.64	346.18	374.18	434.29	510.86	531.27	608.87	623.34	653.23	751.20
浙江	250.28	295.47	327.12	381.19	386.73	409.14	403.61	467.07	523.19	504.57
安徽	60.17	71.94	80.03	90.70	120.84	145.23	169.40	204.06	221.02	273.29
福建	91.12	121.75	172.18	190.29	187.32	204.75	236.60	280.32	300.82	332.37
江西	27.28	27.90	28.82	27.17	31.77	37.50	48.47	73.07	107.70	174.39
山东	137.56	203.34	256.50	232.80	321.49	358.11	440.74	531.35	606.66	699.49

（续表）

	2011 年	2012 年	2013 年	2014 年	2015 年	2016 年	2017 年	2018 年	2019 年	2020 年
河南	84.34	95.06	107.21	116.74	125.97	112.21	116.07	136.83	177.25	259.85
湖北	95.87	129.30	187.73	189.52	210.30	195.59	205.41	213.40	219.75	264.33
湖南	56.35	58.39	60.90	63.86	71.34	85.29	92.66	170.08	176.71	231.18
广东	234.21	313.22	345.96	385.85	414.71	435.94	499.58	653.33	866.34	1021.17
广西	29.98	29.69	32.05	34.16	41.77	56.30	76.43	89.97	120.91	149.18
海南	11.14	33.71	35.10	35.30	47.52	62.22	70.14	64.90	68.65	77.90
重庆	46.41	61.60	69.50	80.47	87.41	102.99	112.06	130.45	148.62	188.96
四川	81.09	60.19	137.79	158.63	172.55	193.50	235.76	278.10	345.23	379.09
贵州	22.53	24.59	26.21	28.54	28.12	31.75	45.53	69.73	83.21	117.13
云南	70.29	80.55	92.47	102.28	100.91	120.89	110.85	123.97	113.78	147.67
陕西	28.82	28.10	30.71	34.01	34.39	32.14	25.99	38.71	37.53	134.54
甘肃	12.92	12.67	12.60	14.54	14.89	23.47	48.35	57.87	63.70	72.24
青海	5.47	4.76	4.68	5.16	5.37	4.30	3.85	4.73	4.64	6.26
宁夏	22.97	23.07	23.85	24.53	24.91	20.94	21.10	27.23	32.11	38.28
新疆	27.79	28.62	28.98	30.77	31.56	24.00	25.14	26.59	24.47	49.16

附表 11 全国 30 个省份生物呼吸碳排放核算结果（2000—2010 年）

单位：万 t

	2000 年	2001 年	2002 年	2003 年	2004 年	2005 年	2006 年	2007 年	2008 年	2009 年	2010 年
北京	213.48	222.89	225.12	225.11	223.29	215.51	201.83	203.38	200.31	195.58	189.04
天津	142.90	168.60	165.02	170.12	173.19	173.53	146.10	146.62	145.91	144.19	142.44
河北	1431.05	1562.27	1449.02	1491.44	1556.58	1593.97	1157.68	1176.74	1164.27	1140.01	1100.60
山西	537.68	524.21	533.41	531.68	525.55	533.22	431.13	433.51	423.29	425.82	423.86
内蒙古	684.58	882.20	673.75	758.37	883.86	939.80	918.37	946.83	1010.39	997.94	1011.54
辽宁	661.16	762.31	673.61	730.76	766.26	778.12	712.77	754.89	762.80	789.55	796.90
吉林	601.08	675.12	616.94	656.98	684.52	712.76	690.19	748.20	677.17	693.53	677.42
黑龙江	720.47	829.50	768.73	816.56	845.93	855.95	818.73	840.62	848.32	872.16	876.75
上海	222.56	203.74	220.15	218.41	202.63	212.62	209.88	209.89	208.72	206.73	202.49
江苏	924.95	928.40	930.99	932.31	921.45	915.69	826.40	823.52	826.73	823.05	809.04
浙江	637.31	637.92	631.36	622.29	613.99	609.92	571.04	563.35	565.51	561.44	553.21
安徽	1108.22	1050.37	1147.14	1080.26	1045.71	1024.09	713.86	718.77	728.29	736.35	733.81
福建	512.37	519.91	508.59	510.66	510.35	513.65	467.97	466.76	472.46	467.12	456.42
江西	798.33	771.12	755.90	752.83	769.54	783.21	645.40	648.56	670.37	698.90	701.75
山东	1941.00	1982.26	1971.19	1996.16	1971.75	1960.68	1583.63	1540.42	1496.35	1463.90	1457.59

（续表）

	2000 年	2001 年	2002 年	2003 年	2004 年	2005 年	2006 年	2007 年	2008 年	2009 年	2010 年
河南	2270.73	2426.86	2291.89	2347.92	2417.15	2449.69	2003.81	2001.48	2041.10	2034.25	1999.58
湖北	960.12	985.99	970.79	973.85	982.67	998.76	904.87	908.43	927.15	947.05	931.91
湖南	1236.43	1373.41	1290.01	1328.37	1372.23	1398.91	1149.25	1176.30	1193.85	1222.71	1218.53
广东	1500.21	1465.48	1474.66	1438.13	1419.58	1396.29	1255.76	1254.81	1252.75	1233.03	1193.59
广西	1283.84	1213.09	1259.11	1219.74	1203.21	1223.73	889.92	874.02	903.18	923.59	922.72
海南	227.41	229.79	225.91	226.19	226.79	224.48	166.93	163.72	178.02	180.82	179.17
重庆	522.86	535.24	528.39	534.90	529.08	532.37	433.28	434.82	451.39	465.12	464.69
四川	1907.07	2062.87	2003.68	2026.79	2054.97	2100.95	1909.43	1930.77	1933.33	1916.84	1895.82
贵州	990.78	1092.44	1021.66	1044.47	1085.33	1104.90	824.27	831.68	839.87	851.29	849.62
云南	1303.12	1249.63	1205.71	1221.19	1246.71	1261.22	1162.37	1180.48	1182.45	1217.29	1221.64
陕西	596.73	652.69	615.77	631.77	647.16	651.51	521.68	530.52	532.15	535.57	525.61
甘肃	564.76	608.98	602.41	613.62	609.85	696.31	627.07	644.01	655.31	665.01	668.48
青海	435.54	434.88	454.67	451.42	434.25	451.69	474.37	471.17	471.37	470.70	475.37
宁夏	131.54	155.19	136.10	141.99	153.45	163.45	146.90	152.46	153.10	151.73	148.10
新疆	676.95	782.22	709.67	744.61	771.87	791.39	655.70	652.56	587.02	585.24	576.33

附表 12 全国 30 个省份生物呼吸碳排放核算结果（2011—2020 年）

单位：万 t

	2011 年	2012 年	2013 年	2014 年	2015 年	2016 年	2017 年	2018 年	2019 年	2020 年
北京	180.86	174.72	166.62	159.76	151.91	146.87	135.91	125.58	117.66	117.61
天津	137.58	133.73	129.02	127.15	123.87	122.31	117.03	117.02	111.59	116.73
河北	1090.12	1083.87	1079.08	1086.43	1083.45	1060.50	1033.03	1003.16	974.40	1009.45
山西	408.55	416.54	421.57	427.90	427.39	423.39	426.22	423.23	414.65	437.40
内蒙古	976.94	963.50	955.56	981.54	1019.51	994.05	1008.96	971.69	972.67	1020.50
辽宁	798.89	794.02	794.47	786.55	797.29	803.93	654.45	665.64	661.23	692.48
吉林	651.32	657.99	662.75	657.40	672.10	650.29	573.81	560.19	558.36	532.07
黑龙江	865.86	867.00	842.02	849.30	853.67	835.98	843.54	808.03	807.54	857.84
上海	195.98	190.43	184.01	175.11	167.12	158.55	154.63	148.42	140.58	138.67
江苏	804.68	801.11	797.81	794.12	787.41	774.04	764.70	751.99	665.75	727.97
浙江	541.75	540.08	531.35	497.04	470.86	452.42	445.67	435.88	424.10	439.01
安徽	746.71	757.94	764.43	761.23	769.65	773.63	688.45	680.99	666.56	698.30
福建	456.09	456.58	451.32	436.53	427.37	417.82	381.97	368.81	352.84	373.69
江西	705.17	719.28	727.19	730.61	731.29	713.80	665.17	664.08	622.67	680.99
山东	1463.43	1470.24	1469.06	1459.76	1459.00	1438.71	1363.43	1340.91	1259.81	1236.34

（续表）

	2011 年	2012 年	2013 年	2014 年	2015 年	2016 年	2017 年	2018 年	2019 年	2020 年
河南	1962.64	1920.75	1899.77	1914.51	1924.21	1903.29	1490.96	1485.14	1401.14	1462.61
湖北	932.43	943.56	953.96	959.07	963.03	952.09	872.83	869.75	796.43	838.39
湖南	1207.35	1215.86	1212.07	1230.29	1232.67	1238.00	1181.53	1171.94	1098.94	1205.33
广东	1176.74	1153.56	1141.56	1114.89	1096.11	1078.14	982.95	964.38	899.19	929.66
广西	941.33	952.37	951.59	931.90	920.52	909.82	841.11	840.33	787.42	813.18
海南	177.40	175.76	172.32	165.72	168.16	159.92	141.71	141.04	119.81	124.65
重庆	458.74	460.77	462.21	464.30	467.72	459.74	419.23	414.13	394.74	410.62
四川	1905.49	1882.36	1879.27	1912.11	1902.78	1868.26	1751.10	1707.47	1619.78	1740.53
贵州	786.79	794.79	797.70	831.67	864.02	858.47	844.69	817.42	804.53	836.73
云南	1213.06	1214.11	1199.12	1213.80	1213.68	1232.54	1291.62	1292.43	1244.62	1331.25
陕西	513.08	511.48	507.32	513.62	507.18	504.98	517.01	513.80	507.60	514.53
甘肃	666.96	663.90	671.87	696.22	690.47	682.70	660.66	674.42	686.89	725.42
青海	468.50	452.50	474.79	474.89	475.26	496.14	542.30	513.73	493.60	622.41
宁夏	148.15	150.95	154.57	161.67	162.76	166.42	167.93	172.89	186.49	217.87
新疆	571.37	628.48	637.31	655.56	666.69	668.83	706.90	716.63	729.43	772.44

附表 13　全国 30 个省份净碳排放总量核算结果（2000—2010 年）

单位：万 t

	2000 年	2001 年	2002 年	2003 年	2004 年	2005 年	2006 年	2007 年	2008 年	2009 年	2010 年
北京	14826.96	15002.15	15311.07	15684.29	15900.50	16179.17	16269.66	16897.67	15276.95	15703.99	15215.25
天津	11319.46	12204.87	13369.67	15038.90	17276.90	18392.58	21024.54	23872.61	24229.27	28078.75	32261.45
河北	40447.39	45277.18	52916.13	66338.08	81987.01	100875.00	114140.88	129735.69	138116.40	156451.65	173529.21
山西	34488.34	43836.57	55435.53	68660.34	83295.67	94284.46	108211.83	118771.39	112740.50	112083.75	123425.18
内蒙古	10098.90	14780.56	20184.55	26117.81	33579.64	40958.68	47910.76	54602.61	65197.85	71000.22	87044.56
辽宁	41487.64	46183.00	51749.43	57049.04	63395.09	72313.49	79196.44	85277.89	87059.76	93861.54	103663.25
吉林	15067.59	17140.43	18705.06	20438.23	21657.92	25647.67	27903.67	30168.46	31565.16	33659.57	37294.22
黑龙江	24151.98	26450.45	28617.51	30137.71	37308.56	41052.80	44437.86	49422.37	53453.78	56759.59	61984.46
上海	27381.05	28640.04	29388.63	31607.97	30976.23	33045.98	33018.12	34037.43	34849.84	34752.80	36940.87
江苏	39712.39	42348.31	46950.27	52712.11	66504.21	80392.75	89599.04	97196.25	98984.86	105510.22	121327.11
浙江	23506.97	25262.24	27871.46	31117.60	36172.96	40747.80	45256.06	49940.53	51614.89	55119.84	59339.40
安徽	29876.23	30535.55	33438.75	35428.93	38301.53	40565.83	42655.97	47067.58	51701.53	55995.45	59451.20
福建	13107.40	14056.79	15123.30	16506.95	18570.58	21855.70	23572.54	25834.84	26616.68	30602.08	33254.50
江西	21978.85	23394.97	25553.51	27122.22	31001.42	33657.36	36082.34	37817.07	38276.37	40895.41	45702.40
山东	35286.62	40239.17	45468.48	56705.93	78682.41	104269.93	118354.91	132685.67	137298.84	147866.00	165364.34

（续表）

	2000 年	2001 年	2002 年	2003 年	2004 年	2005 年	2006 年	2007 年	2008 年	2009 年	2010 年
河南	30280.53	33671.81	36775.83	38729.04	54228.01	63712.49	73955.90	83896.88	86228.44	92487.27	102720.26
湖北	30522.14	31929.61	34328.29	37139.28	40342.26	44111.75	47751.32	50659.00	51686.96	54817.04	63049.72
湖南	31764.21	32609.50	33827.82	35584.11	41581.72	49747.25	51776.05	55812.97	54642.52	58128.26	62171.98
广东	37315.64	40353.40	43182.12	47370.55	52784.87	57893.93	63196.05	66419.21	67631.60	71396.71	79506.94
广西	17070.84	18648.04	20418.37	21794.24	24340.78	26280.57	27041.54	28705.60	28903.37	31646.27	36291.69
海南	4522.93	4213.94	3981.77	3812.04	3523.74	3084.34	3904.03	5883.63	6179.79	6585.79	6980.04
重庆	14264.53	13700.68	13037.86	12535.48	13660.23	15235.84	16534.12	17474.44	20540.84	22384.77	26147.44
四川	24353.22	28899.75	33004.10	37345.42	41393.05	41380.76	44898.75	49716.23	52652.60	57505.98	62457.79
贵州	17712.42	17558.58	18099.12	21118.90	24414.32	26823.40	30307.71	32504.86	32131.25	35254.25	37700.55
云南	10456.77	13494.13	16773.95	20157.89	17292.37	28687.59	31315.29	33648.38	34842.44	37733.38	40445.52
陕西	9600.03	11389.66	13402.67	15815.99	18883.26	22327.47	26297.87	29000.22	31542.38	36148.65	44127.26
甘肃	10005.16	11071.38	11793.09	13106.63	14934.06	16959.33	18076.10	20502.15	20219.37	20277.22	23292.75
青海	2193.92	2330.04	2494.68	2706.00	2772.35	3006.25	3824.46	4452.21	5268.81	5711.77	5691.11
宁夏	5918.30	6701.83	6432.24	7066.63	7898.53	10114.27	11012.42	13098.41	14280.25	16422.51	20646.13
新疆	11785.31	12583.58	13270.94	14448.42	16382.43	18831.94	21108.76	23002.49	25482.10	30139.15	35455.99
全国	640503.69	704508.20	780906.22	879396.73	1029042.62	1192436.37	1318634.97	1448104.72	1499215.42	1614979.88	1802482.57

附表 14　全国 30 个省份净碳排放总量核算结果（2011—2020 年）

单位：万 t

	2011 年	2012 年	2013 年	2014 年	2015 年	2016 年	2017 年	2018 年	2019 年	2020 年
北京	13261.35	12989.42	11492.84	11509.08	10350.40	9320.21	9028.53	8747.74	8647.23	6913.66
天津	35697.61	36539.95	39366.43	39838.68	40126.31	38834.55	30749.91	32063.13	34050.66	33785.33
河北	193489.81	203410.43	209394.49	204713.20	206010.95	206549.99	193096.63	216034.19	218908.64	225092.32
山西	139637.91	150777.97	221957.73	226379.43	212977.75	208253.85	219429.02	240111.97	250303.63	279691.84
内蒙古	105220.33	109230.89	112008.17	114139.77	108736.90	108032.49	109549.02	128571.41	144656.67	156280.95
辽宁	107417.42	109496.53	110373.47	110854.47	106029.78	104339.46	106947.87	113393.79	122733.31	126232.47
吉林	42676.16	43303.53	40564.82	40388.21	36946.08	35258.97	35438.73	35182.05	36427.18	36298.71
黑龙江	67532.94	69662.18	65209.47	62603.46	61960.62	61622.86	65416.78	64292.46	66644.23	66539.76
上海	38410.82	37052.25	37603.03	34865.83	34736.85	34229.41	34444.57	33747.86	34278.00	32878.13
江苏	130989.06	135753.07	142079.71	145758.99	148830.96	150875.33	145361.21	142788.15	149870.89	151893.60
浙江	62454.18	60740.05	61957.46	62222.75	62318.28	60413.95	59992.73	58926.62	60652.07	65530.52
安徽	63587.43	68340.18	73392.27	75282.94	75217.56	74469.51	77639.17	78013.65	79521.20	82108.07
福建	37163.48	39104.17	39101.92	43704.90	42054.76	40111.15	41135.68	44556.52	48483.20	48978.73
江西	47924.54	48635.18	50567.74	51522.61	52136.99	51797.11	52591.06	53453.45	54022.95	55003.13
山东	171256.00	178358.72	174650.64	183864.22	190960.67	199626.94	196638.89	203629.60	204149.92	211033.79

（续表）

	2011 年	2012 年	2013 年	2014 年	2015 年	2016 年	2017 年	2018 年	2019 年	2020 年
河南	110493.69	103511.86	103811.27	106371.67	105359.38	101504.10	98107.75	89420.86	85520.68	87055.81
湖北	70225.20	69918.17	64238.44	65342.56	64583.46	64444.22	66429.62	66245.17	69189.79	64504.95
湖南	67099.91	66394.07	65982.46	65059.55	65818.59	65750.06	68267.12	64521.25	63835.91	64689.38
广东	85241.80	83667.57	84355.39	84967.05	84742.23	89225.07	93077.75	95411.31	95510.51	98025.22
广西	40311.90	43791.98	45518.80	46006.52	44896.27	46320.72	46250.54	46388.77	49072.15	53620.37
海南	7622.24	7988.63	7480.61	8125.79	8677.43	8509.65	7986.89	8282.28	8192.11	7990.05
重庆	28458.57	28298.97	26543.65	27803.01	27504.01	24798.02	23575.23	23417.95	23523.27	23908.51
四川	61622.26	65664.72	67046.77	69550.14	62739.49	61194.70	57229.09	57559.53	60754.29	59238.70
贵州	38854.89	42242.60	46327.77	46323.72	45397.75	47567.95	46223.82	41263.18	41997.84	40153.37
云南	42598.43	46552.22	48787.69	44198.90	40648.97	40677.36	39800.17	42982.20	45233.64	46610.78
陕西	47738.62	55827.92	65542.52	68277.95	71138.75	76468.54	81736.18	75388.16	80404.35	82430.74
甘肃	25752.23	26616.38	28776.57	29470.19	27354.20	25684.90	25814.18	26960.79	27881.10	29910.32
青海	7210.79	8267.66	9699.01	8620.73	6407.00	7336.39	7212.35	7375.45	6964.27	6833.21
宁夏	24336.01	24471.73	25936.41	26915.01	27069.65	26082.41	30475.32	32849.28	35208.22	38008.16
新疆	40221.24	46865.17	52607.09	57610.70	56705.71	59556.18	64435.30	66661.84	70572.28	75066.00
全国	1954506.82	2023474.20	2132374.65	2162292	2128437.77	2128856.05	2134081.09	2198240.62	2277210.16	2356306.59